Robert Osserman

Geometrie des Universums

Robert Osserman

Geometrie des Universums

Von der Göttlichen Komödie zu Riemann und Einstein

Aus dem Amerikanischen übersetzt von Rainer Sengerling

FACETTEN

Der Autor bedankt sich bei folgenden Personen für die freundliche Genehmigung zur Reproduktion von Abbildungen
Seite 34: Michael Barall
Seite 122: Michael Brown (Courtesy)
Seiten 138, 139: William Gosper
Seiten 149, 164: Nancy Shaw
Alle anderen Abbildungen wurden von Susan Bassein angefertigt, sofern keine anderweitige Quelle angegeben ist.
In der deutschen Ausgabe wurden einige Abbildungen ergänzt (Seiten 20, 24, 25, 38, 127).

Übersetzung: Dr. Rainer Sengerling

Titel der Originalausgabe: Poetry of the Universe

Softcover reprint of the hardcover 1st edition 1995

Published by arrangement with Doubleday, a division of Bantam Doubleday Dell Publishing Group, Inc., New York

Der Verlag Vieweg ist ein Unternehmen der Bertelsmann Fachinformation GmbH.

http://www.vieweg.de

Umschlaggestaltung: Schrimpf und Partner, Wiesbaden

Gedruckt auf säurefreiem Papier

ISBN-13: 978-3-322-85026-3 e-ISBN-13: 978-3-322-85025-6
DOI: 10.1004/978-3-322-85025-6

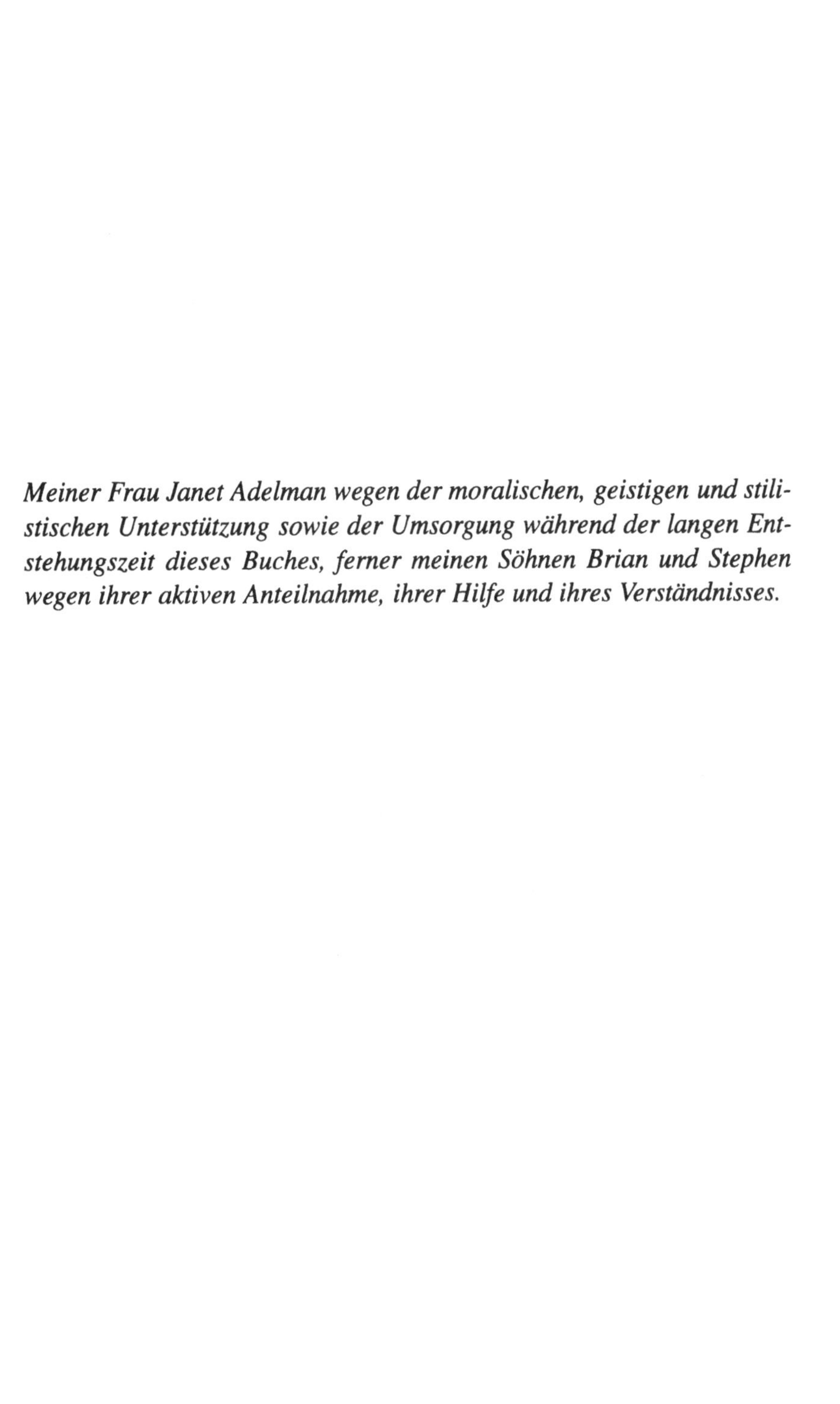

Meiner Frau Janet Adelman wegen der moralischen, geistigen und stilistischen Unterstützung sowie der Umsorgung während der langen Entstehungszeit dieses Buches, ferner meinen Söhnen Brian und Stephen wegen ihrer aktiven Anteilnahme, ihrer Hilfe und ihres Verständnisses.

EUKLID ALLEIN HAT DIE REINE SCHÖNHEIT GESEHEN.

—Edna St. Vincent Millay

DIE REINE MATHEMATIK IST AUF IHRE ART
DIE POESIE LOGISCHER GEDANKEN.

—Albert Einstein

WIR HABEN VIEL VON DER POESIE DER MATHEMATIK REDEN
GEHÖRT, ABER NUR WENIG WURDE DAVON BISLANG GESUNGEN.
... DIE KLARSTE UND SCHÖNSTE FORMULIERUNG JEDER WAHRHEIT
MUSS ZULETZT EINE MATHEMATISCHE FASSUNG ANNEHMEN.

—Henry David Thoreau

Geleitwort zur deutschen Ausgabe

Einer meiner früheren Nachbarn begrüßte mich regelmäßig mit den Worten: „Guten Tag, Herr Professor, wie geht's, haben Sie endlich alles ausgerechnet?" Vermutlich stellte er sich die Mathematiker vor wie die Mainzer im Karneval ihre Schwellköpp, als Absonderlichkeiten der Natur, deren größte Wonne es ist, große Zahlenhaufen zu manipulieren, bar jeglicher Phantasie. Wenn Sie dies auch glauben sollten, verordnet Ihnen der Doktor Osserman als Antidot sogleich eine Anekdote über David Hilbert, den führenden Mathematiker zu Anfang dieses Jahrhunderts. Als ihm berichtet wurde, einer seiner Göttinger Studenten habe die Mathematik zugunsten der Dichtkunst aufgegeben – nach anderen Quellen soll sich besagter Student den Literaturwissenschaften zugewandt haben –, bemerkte Hilbert nur im schönsten Ostpreußisch: „Ja, ja, Herr ... hatte schon immer wenig Phantasie." Und falls dies noch nicht genügt, sogleich ein wenig Voltaire: „Archimedes hatte mindestens soviel Einbildungskraft wie Homer." Sie sind immer noch nicht kuriert? – Dann ist es höchste Zeit, daß Sie sich sogleich von Professor Osserman behandeln lassen.

Die Erde ist, wie heute jedes Schulkind weiß, kugelrund. Wie groß ist ihr Umfang? Bekanntlich so um die 40 000 Kilometer, was freilich eine fast tautologische Aussage ist, weil eine von der französischen Nationalversammlung eingesetzte Kommission im Jahre 1790 den Meter als Längenmaß des zehnmillionsten Teils eines Meridianquadranten festgelegt hat; die endgültige Definition des Meters weicht von diesem Werte nur um weniges ab. Eratosthenes, vor über 2 200 Jahren der Vorsteher der berühmten Bibliothek von Alexandria, kannte die Länge des Erdumfangs schon ziemlich genau, aber nicht, weil er sich in seiner Bibliothek kundig machte. Vielmehr führte er folgendes Experiment aus. Zum Sommeranfang steckte er in Alexandria senkrecht einen Stab in den Boden und maß dessen Schatten während der Mittagszeit. Da er die Entfernung nach Syene, dem heutigen Assuan, kannte, das genau im Süden von Alexandria liegt und wo zu Sommeranfang ein senkrecht stehender Stab keinen Schatten wirft, konnte er mit etwas Vorstellungskraft den Erdumfang recht gut abschätzen. Wie hat er es gemacht? – Wenn Sie nicht draufkommen, lesen Sie's nach in Kapitel 1. Man muß etwas darüber nachdenken, welche Rolle die Krümmung der Erdoberfläche spielt, und wie sie sich feststellen und messen läßt.

Nun ist Ägypten ein meist sonniges Land. Was hätte Eratosthenes aber wohl im regengrauen Deutschland gemacht? Oder denken wir ihn, noch schlimmer, auf einen Planeten versetzt, den immerzu eine dichte Wolkendecke umgibt, so daß man nur wenige Meter weit sehen kann. Könnte Eratosthenes trotzdem feststellen, ob und wie sehr und auf welche Weise der Planet gekrümmt ist? Gauß' Antwort auf diese Frage war „ja", und er hat dies auch begründet. Wenn Sie sein Argument verstehen wollen, ohne Rechnung, nur durch Vorstellungskraft, so brauchen Sie nur ein einfaches Gedankenexperiment zu machen. Pflanzen Sie in Gedanken Apfelbäume in Ihrem Garten, das übrige erzählt Ihnen Professor Osserman in Kapitel 3.

Ehe Sie es sich versehen, lockt Sie der Autor immer tiefer in den schönen Garten der Geometrie, es geht auf und ab, und am Ende wissen Sie viel mehr über „Krümmung", als Sie je für interessant, für wissenswert gehalten hätten. Sie erfahren, daß es keine optimalen Landkarten gibt, und wenn ein Hamburger Nachrichtenmagazin dies doch wieder einmal behaupten sollte, werden Sie sich lächelnd erinnern, daß Leonhard Euler diese Behauptung schon vor über 200 Jahren ad absurdum geführt hat.

Der Leser erfährt auch, daß Euklids Geometrie keineswegs, wie noch Kant meinte, ein a priori ist, sozusagen eingebrannt in die menschliche Vorstellungskraft. Vielmehr gibt es neben der euklidischen Geometrie, wie der Russe Nikolai Lobatschewski und der Ungar Johann Bolyai im vorigen Jahrhundert herausfanden, ganz gleichberechtigt noch andere Geometrien, für die sich im Rahmen der euklidischen Geometrie sehr schöne Modelle angeben lassen. Dies kann als eine mathematische Spielerei erscheinen, und als solche mag sie den Zeitgenossen von Lobatschewski und Bolyai auch vorgekommen sein, und noch mehr wird dies für die von Bernhard Riemann erfundene Geometrie gegolten haben. Gauß freilich muß sogleich geahnt haben, daß es mit Riemanns „Hypothesen, die der Geometrie zugrundeliegen" etwas Besonderes auf sich hatte. In dem kurzen Abriß von Riemanns Lebenslauf, verfaßt von Richard Dedekind, lesen wir: „Gauß hatte [als Probevorlesung in Riemanns Habilitationsverfahren] gegen das übliche Herkommen von den drei vorgeschlagenen Thematen nicht das erste, sondern das dritte gewählt, weil er begierig war zu hören, wie ein so schwieriger Gegenstand von einem so jungen Manne behandelt werden würde; nun setzte ihn die Vorlesung, welche alle Erwartungen übertraf, in das größte Erstaunen, und auf dem Rückwege aus der Facultäts-Sitzung sprach er sich gegen Wilhelm Weber mit höchster Anerkennung und mit einer bei ihm seltenen Erregung über die Tiefe der von Riemann vorgetragenen Gedanken aus."

Gauß hat sich nicht getäuscht. Riemanns Geometrie wurde das mathematische Modell, nach dem Albert Einstein seine allgemeine Relativitätstheorie gebildet hat. Wir leben in einem vierdimensionalen gekrümmten Raum-Zeit-Kontinuum, und was dies bedeutet, setzt uns Robert Osserman in glänzender Weise auseinander. Wir erfahren, daß im heutigen astrophysikalischen Weltbild der alte Wunschtraum der griechischen Mathematiker zurückgekehrt ist, Physik als Geometrie zu verstehen.

Robert Osserman schreibt, sein Buch sei entstanden, weil ihn einer seiner Kollegen an der berühmten Stanford University mit der Frage konfrontiert habe: Wie kommt es, daß Mathematik ein so wunderschönes Gebiet ist, Studenten dies aber in vier Jahren auf dem College nicht herausfinden, trotz vieler Mathematikstunden?

Wenn es Ihnen auch so ergangen sein sollte –, lesen Sie Osserman!

Bonn, im März 1997 Stefan Hildebrandt

Inhaltsverzeichnis

Vorwort

Am 24. April 1992 berichteten die Zeitungen*[1] weltweit ein Ereignis, das als „eine der bedeutenderen Entdeckungen des Jahrhunderts" begrüßt und von manchen „das fehlende Glied" und der „heilige Gral" der Kosmologie genannt wurde. Die Entdeckung wurde in Form eines Bildes präsentiert, das im wesentlichen ein Schnappschuß* des Universums in einem dramatischen Augenblick seiner Entwicklung war: dem Moment, in dem der Raum entstand*. Vor der Zeit des Bildes gab es nur eine Konglomeration von Elementarteilchen in einem Zustand ständiger Bildung und Annihilation. Dann verbanden sich Elektronen und Protonen zu den Atomen der Materie. Zum erstenmal gab es Raum zwischen den Atomen, der dem Licht und anderen Formen der Strahlung eine freie Fortpflanzung gestattete. Der „Schnappschuß" zeichnet das Muster der Strahlen, die uns erreicht haben, nachdem sie von diesem Augenblick bis zur Gegenwart durch den Raum gereist waren. Was die Wissenschaftler, die diese Strahlen – die sogenannte kosmische Mikrowellen-Hintergrundstrahlung – untersucht hatten, elektrisierte, war, daß das Bild ein Muster *hatte*. Nach Jahrzehnten der Frustration, in denen man nicht einmal geringste Variationen im anscheinend eintönigen Meer der einförmigen Hintergrundstrahlung hatte aufspüren können, hatten sie Erfolg und fanden ein mögliches Bindeglied zwischen der undifferenzierten „Ursuppe", die von der Urknalltheorie der Entstehung des Universums vorhergesagt wird, und der späteren Entwicklung zu den hochdifferenzierten Sternen und Galaxien, wie wir sie heute kennen. Aber die Journalisten, die die genaue Natur des Bildes erklären wollten, sahen sich zumindest einem unüberwindlichen Hindernis gegenüber: Weder sie noch ihre Leser waren auf die paradoxe Natur eines

[1] Anm. d. Übers.: Zu Textstellen, die mit einem * am Ende versehen sind, existieren Bemerkungen in einem Abschnitt am Ende des Buches.

Bildes vorbereitet, das zugleich einen Blick nach außen – in alle Richtungen von der Erde weg – und nach innen – aus allen Richtungen auf den Urknall zu – zeigte.

Die große Entdeckung von 1992 erinnert in direkter und indirekter Weise an die „Entdeckung" Amerikas 500 Jahre zuvor. Schauen wir etwas weiter auf das Jahr 1000 n. Chr. zurück. Damals stellten sich die Europäer die Erde allgemein flach vor. Es bedurfte im Lauf der folgenden Jahrhunderte großer Leistungen des Vorstellungsvermögens, sich mit den Implikationen einer kugelförmigen Erde auseinanderzusetzen und zu verstehen, weshalb die Menschen, die auf der gegenüberliegenden Seite kopfüber an ihren Füßen aufgehängt waren, weder hinwegflogen noch an dauerndem Kopfweh litten. Die Reisen des Kolumbus und die auf sie folgenden verliehen der theoretischen Lehrmeinung einer runden Erde, die sich vor dieser Zeit allmählich etabliert hatte, den Anschein der Realität und Solidität.

Heute, da wir auf das Jahr 2000 zugehen, gibt es nur noch wenige Leute, die an eine flache Erde glauben, aber fast die gesamte Weltbevölkerung lebt in der Vorstellung eines flachen Universums. Wie uns die Alltagserfahrung dazu gebracht hat, uns die Erde eher als flach oder eben statt als gekrümmt vorzustellen, so veranlaßt uns unsere Wahrnehmung der Welt um uns, den Raum als flach oder „euklidisch" anzusehen. Sich im 20. Jahrhundert den gekrümmten Raum zu denken bedeutet für die Imagination eine genau so große Herausforderung, wie sich vor tausend Jahren die Erde als gigantischen Ball vorzustellen, der in einem Raum noch gewaltigerer Ausdehnung irgendwie aufgehängt ist oder frei schwebt. Allerdings ist das Indizienmaterial dafür, daß der Raum tatsächlich gekrümmt ist, überwältigend, und nur in diesem Zusammenhang läßt sich die Photographie der kosmischen Mikrowellenstrahlung (Bild 1) von 1992 voll verstehen.

Was ist die Gestalt des Universums, und was verstehen wir unter der Krümmung des Raums? Das Ziel dieses Buches ist, sowohl die Bedeutung solcher Fragen als auch die Antworten darauf völlig klar und verständlich zu machen. Es werden keine oder nur geringe mathematische Kenntnisse vorausgesetzt; das Buch führt den Leser von den leichtverständlichen mathematischen Methoden der Ausmessung der Erde zu den

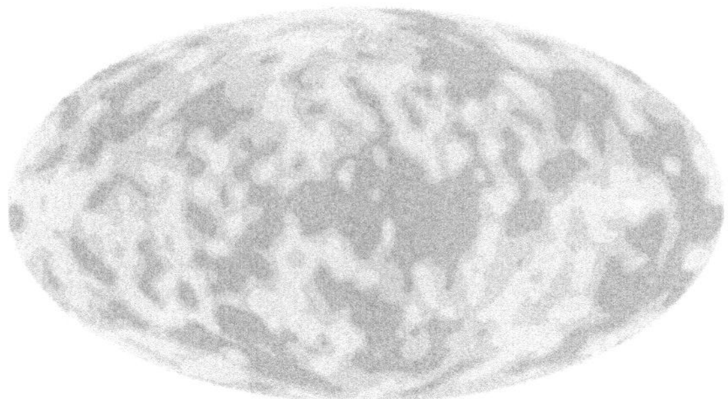

Bild 0.1 Das 1992 veröffentlichte Bild der Variation in der kosmischen Hintergrundstrahlung (courtesy of George Smoot, NASA, and the COBE satellite)

Begriffen und Vorstellungen, die unvertraut und von der Alltagserfahrung weiter entfernt sind. Dabei vermittelt es den Reiz und die Kraft der mathematischen Ideen, die den Kern der modernen Kosmologie bilden. Die Geschichte und die Entwicklung dieser Ideen sind oftmals ebenso faszinierend wie die Ideen selbst; sie werden in einer chronologischen Erzählung geschildert, wobei auch ein kurzer Blick auf die Lebensumstände und Charaktereigenschaften einiger Schlüsselfiguren geworfen wird. Ein Abschnitt mit Bemerkungen am Ende des Buches bringt einige weitergehende Kommentare zum Text, darunter präzisere mathematische Formulierungen, bibliographische Angaben zu den Originalquellen und Empfehlungen für die weitere Lektüre.

Vorspiel

Stellen Sie sich eine Segelbootfahrt an einem klaren, aber windigen Tag vor. Die Wasseroberfläche ist unruhig und hellblau, indem sie die Farbe des Himmels reflektiert und verstärkt. Plötzlich ändert sich das Wetter – der Wind läßt nach, der Himmel bewölkt sich, und die See wird ruhig und glatt. Das Wasser wird grün und durchsichtig und erlaubt einen Blick auf ein Korallenriff und eine ganz neue Welt farbiger Aktivität in der Tiefe. Wenn Sie unter die Wasseroberfläche tauchen, bemerken Sie, daß unter Wasser alles verschwommen erscheint. Gibt Ihnen aber jemand eine Taucherbrille, wird die Welt unter der Oberfläche plötzlich genauso klar und noch schöner als der ursprüngliche Anblick der Oberfläche von oben.

Stellen Sie sich in ähnlicher Weise vor, Sie würden sich in einer klaren und mondlosen Nacht in die Mitte einer Wüste begeben, fernab von den Lichtern der Stadt. Vor dem pechschwarzen Hintergrund treten die Sterne, die Planeten, die Nebel, die Sternbilder und die Milchstraße in einer schwindelerregenden Anordnung hervor. Mit Hilfe eines Fernrohrs kommen immer exotischere Anblicke zum Vorschein: majestätische Spiralgalaxien, große kugelförmige Bälle aus Licht und Farbe von vergangenen Supernova-Explosionen. Aus dem „kosmischen Rauschen" der ersten Radioteleskope fördern immer raffiniertere astronomische Instrumente Bilder von Pulsaren und Quasaren und die allgegenwärtige kosmische Mikrowellen-Hintergrundstrahlung zutage. Das sind aber nur Oberflächenerscheinungen auf dem prächtigen Ozean des Kosmos. Was unter der Oberfläche und jenseits unseres Gesichtsfeldes liegt, was die zugrundeliegende Struktur darstellt, aus der sich diese Erscheinungen alle entwickelt haben, kann nicht ohne die notwendige Ausrüstung gesehen werden: eine Geistesbrille, die der Imagination gestattet, außerhalb ihrer natürlichen Grenzen zu operieren.

Das Ziel dieses Buches ist, diese Geistesbrille zur Verfügung zu stellen und den Leser in die Lage zu versetzen, sich in der unvertrauten Welt der gekrümmten Raumzeit frei zu bewegen. Man kann nicht erwarten, von einem Augenblick zum andern in diese Welt einzutauchen, aber etwas Geduld und Beharrlichkeit sowie die richtigen Werkzeuge bringen großen Lohn, indem sich neue und unerwartete Ausblicke ergeben. Darüber hinaus ist das Buch ein Loblied auf die menschliche Imagination – die Fähigkeit, die Art von geistigen Sprüngen zu machen, ohne die die Wirkung der äußeren Welt auf unsere Sinne im wesentlichen Rauschen wäre. Die mathematische Phantasie und bildliche Vorstellungskraft, zwei eng verbundene Dinge, vermitteln einen Blick auf die verborgene, aber feine Struktur unter der Oberfläche.

Kapitel 1
Das Unmeßbare messen

DEIN SCHATTEN, ERDE, VOM POL ZUM ZENTRALMEER,
STREICHT NUN ÜBER DAS MILDE ANTLITZ DES MONDES
IN EINER GLATT EINFARBIGEN UND GEKRÜMMTEN LINIE
VON UNERSCHÜTTERLICHER RUHE.

—Thomas Hardy,
„At a Lunar Eclipse"

Vor über zweitausend Jahren ließen sich die Naturphilosophen des alten Griechenlands auf ein Projekt ein, das für jene Zeit ebenso verwegen schien wie die Erforschung der Grenzen des Sonnensystems heute. Es ging um die Bestimmung der Größe und Gestalt der ganzen Erde. Für die alten Griechen war die Erde unvorstellbar groß. Weder die Griechen noch eine der Kulturen, mit denen sie in Kontakt kamen, hatten zu Lande oder zu Wasser mehr als einen Bruchteil von ihr erkundet. Es erforderte großes Genie, um von den winzigen direkt meßbaren Teilen der Erde zu den Unermeßlichkeiten der unerforschten fernen Ländereien überzugehen, deren Existenz man sich nicht einmal träumen ließ. Auch war die systematische Entwicklung eines völlig neuen Zweigs der Wissenschaft nötig, den die Griechen als *Geometrie* zu bezeichnen pflegten, was buchstäblich „Messung der Erde" bedeutet.

Einer der bekanntesten Männer aus der Frühgeschichte der Geometrie ist Pythagoras, dessen Lebenszeit sich über den größten Teil des 6. Jahrhunderts v. Chr. erstreckt. Doch lange vor Pythagoras hatten die Ägypter schon eine einfache Methode zur Konstruktion rechter Winkel gefunden, wie sie im Grundriß von Pyramiden auftreten. Sie verwendeten Knoten in gleichen Abständen, um ein Seil im Verhältnis 3 : 4 : 5

aufzuteilen. Wenn sie das Seil zwischen Pflöcken so spannten, daß es ein Dreieck mit den Seitenlängen 3, 4 bzw. 5 bildete, fanden sie, daß der Winkel zwischen den Seiten der Längen 3 und 4 ein rechter war oder 90° betrug. Sie fanden auch, daß andere Seitenlängen dasselbe leisteten, wenn eine gewisse Bedingung erfüllt war. Der Schlüssel zum rechten Winkel bestand darin, daß das Quadrat der längsten Seite mit der Summe der Quadrate der beiden anderen Seiten übereinstimmte. Diese Beziehung kennen wir als „pythagoräischen Lehrsatz". Die Babylonier* kannten diese Beziehung ebenfalls. In der Tat hatten die Babylonier zur Zeit von Hammurabi, dem „Gesetzgeber", mehr als tausend Jahre vor Pythagoras, die Mathematik in einem weit höheren Grad als die Ägypter entwickelt. Dazu gehörten ein intelligenteres System der Zahldarstellung und etwas grundlegende Algebra sowie Geometrie. Sie scheinen nicht nur den „Satz des Pythagoras" gekannt zu haben, sie stellten auch eine lange Liste von Zahlentripeln zusammen, die alle die Seiten rechtwinkliger Dreiecke repräsentierten. Darunter waren so ungewöhnliche wie (65, 72, 97) und (119, 120, 169).

Warum wurde dann der Satz nach dem Nachzügler Pythagoras benannt? Trotz ihrer Priorität gibt es keine Anzeichen, daß sich die Ägypter und Babylonier je um einen Beweis gekümmert hätten. Pythagoras' Name wurde mit dem Satz verknüpft, weil er allgemein als der erste angesehen wurde, der einen solchen Beweis erbracht hat. Leider haben wir keinen Beweis für die Richtigkeit dieser Annahme. (Man weiß nicht, ob Pythagoras überhaupt etwas Schriftliches hinterlasen hat; zumindest ist nichts bis auf den heutigen Tag erhalten.) Wahrscheinlich stammt der erste Beweis des „pythagoräischen Lehrsatzes" von seinen Schülern, den „Pythagoräern", aus dem darauffolgenden Jahrhundert.

Euklid, der berühmteste aller griechischen Mathematiker, wurde über zweihundert Jahre nach Pythagoras geboren. In der Zeit zwischen Pythagoras und Euklid war die Geometrie zwei parallelen Entwicklungslinien gefolgt. Eine bestand in einem eingehenden Studium besonderer Formen, wie Dreiecke, Rechtecke oder von Kreisbögen begrenzter Figuren. Die andere war die Entwicklung der Beweismethode und der deduktiven Schlußweise, die zu neuen Entdeckungen* führte, die man durch direkte Beobachtung nie gemacht hätte. Als Euklid die Szene betrat, hatte sich ein beträchtliches Wissen angehäuft.

Die Einzelheiten von Euklids Leben* liegen noch mehr im Dunkeln als die von Pythagoras. Eigentlich kann man mit Sicherheit nur sagen, daß er um 300 v. Chr. in Alexandria lebte und wirkte. Im Gegensatz zu Pythagoras hinterließ er Schriften, die nicht nur bis zum heutigen Tag erhalten sind, sondern die die Grundlage eines Großteils der modernen Wissenschaft sowie ein Modell für die gesamte Mathematik geworden sind.

Die Elemente sind das monumentale Werk, das am meisten zu Euklids Ruhm beiträgt. Sie sind ein mathematisches Kompendium von dreizehn Büchern, von denen fünf der Geometrie zweidimensionaler Figuren und drei der dreidimensionalen Geometrie gewidmet sind; der Rest beschäftigt sich mit anderen Themen.

Euklids *Elemente* hatten einen starken Einfluß auf die Geisteshaltung der westlichen Welt. Ursprünglich als Werkzeug und als Modell für die mathematische Forschung angesehen, wurden die *Elemente* allmählich zu einem der Grundbestandteile der allgemeinen Bildung – ein geistiges Rüstzeug, mit dem sich jeder Student auseinanderzusetzen hatte. Die Faszination der *Elemente* hat mindestens vier Wurzeln. Zunächst kommt da das Gefühl der Gewißheit – in einer Welt voller irrationaler Anschauungen und windiger Spekulationen waren die Sätze in den *Elementen* völlig zweifelsfrei als gültig bewiesen. Wenn auch gewisse Dinge bei den Annahmen und der Euklidschen Schlußweise im Lauf der Jahrhunderte bezweifelt worden sind, ist doch erstaunlich, daß in zweitausend Jahren niemand einen tatsächlichen „Fehler" in den *Elementen* hat finden können – das heißt eine Behauptung, die nicht logisch aus den angegebenen Annahmen gefolgt wäre. Die zweite ist die Macht der Methode. Von sehr wenigen explizit dargelegten Annahmen ausgehend, entwickelte Euklid eine atemberaubende Fülle von Folgerungen. Drittens zeigt sich in den Beweisen ein Scharfsinn, der durchaus dem entspricht, der den Reiz guter Kriminalromane ausmacht. Zuletzt haben die in den ersten Büchern der *Elemente* behandelten Objekte, ganz abgesehen von allen formalen Schlüssen, einen eigenen ästhetischen Reiz (s. Bild 1.1). Eine Kombination aus diesen Eigenschaften ließ Edna St. Vin-

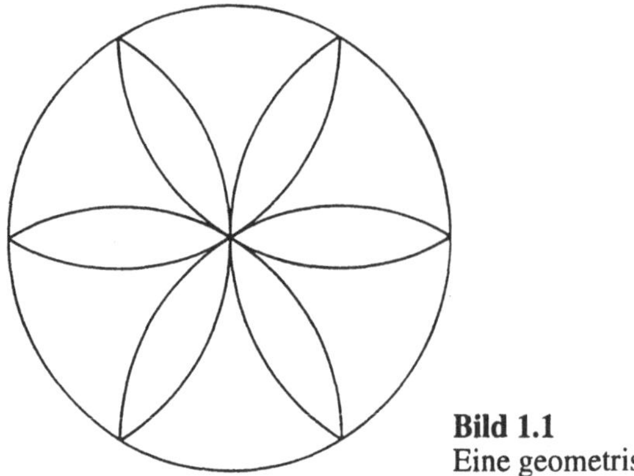

Bild 1.1
Eine geometrische Figur

cent Millay in einem Gedicht sagen: „Euklid allein hat die reine Schönheit gesehen."

Von allen Formen, die die Mathematiker studierten, hatte eine eine besondere Faszination: der Kreis. Wie die euklidische Geometrie insgesamt sollte diese eine Figur – der Kreis – in allen künftigen Versuchen, Gestalt und Wirken von Welt und Universum zu finden, eine gewichtige Rolle spielen, und das zum Vorteil wie zum Nachteil*.

Wie geriet das Konzept des Kreises zuerst in das menschliche Bewußtsein? Es gibt in der Natur überraschend wenige Gelegenheiten, einem wirklichen Kreis zu begegnen. Das auffälligste Beispiel ist zweifellos die Sonne. Sie ist eine tägliche Erscheinung, freilich für den direkten Blick zu hell, wenn sie nicht gerade dicht über dem Horizont steht oder ihr Licht durch eine dünne Wolkenschicht oder durch Nebel gefiltert wird. Gewissermaßen flößt der Vollmond noch mehr Ehrfurcht ein: Der Mond ändert seine Gestalt stetig und verwandelt sich alle 28 Tage in einen perfekten Kreis. Ein weiteres, mehr indirektes Beispiel, das Sternbeobachter zu Gesicht bekommen, ist der nächtliche Lauf der Sterne. Sie beschreiben Kreisbögen am Himmel, was besonders leicht bei Sternen in der Nähe des Polarsterns zu erkennen ist. Ein irdisches Beispiel bilden die schönen kreisförmigen Wellenmuster, die entstehen, wenn die ersten Regentropfen in ein Becken mit ruhigem Wasser fallen oder ein Kieselstein in einen stillen Teich geworfen wird. Wer am Mee-

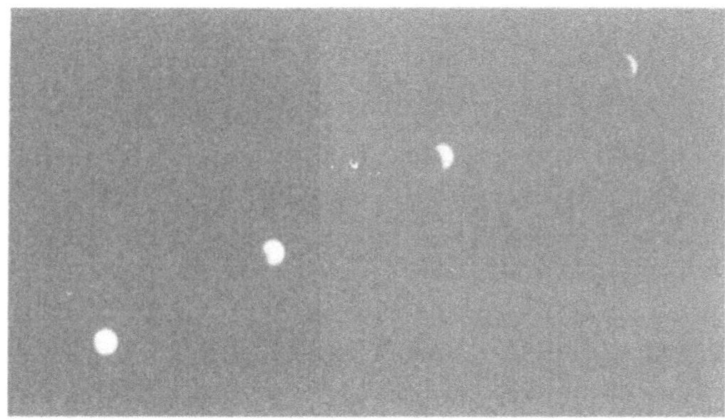

Bild 1.2 Vier Stadien einer Mondfinsternis, bei der zunächst der fast perfekte Kreis des Vollmondes vorliegt und dann zunehmend größere kreisförmige Happen aus dem Mond herausgeschnitten sind, indem der Erdschatten allmählich über die Mondscheibe gleitet.

resstrand oder an einem Schiffsheck steht, für den nimmt der Horizont selbst die Gestalt eines unermeßlichen Kreises an.

Vielleicht war es die Kreisform des Horizontes, die den ersten Hinweis auf die Gestalt der Erde lieferte. Der erste konkrete Anhaltspunkt zu ihrer Form war in der Frühgeschichte nicht das Ergebnis direkter Beobachtung der Erde selbst, sondern resultierte aus der Betrachtung des Nachthimmels. Wenn wir auch nicht sagen können, wann die Sterngucker die Bedeutung der beiden Schlüsselbeobachtungen zuerst erkannt haben, vermerkt wurden diese jedenfalls von Aristoteles im 4. Jahrhundert v. Chr.*

Die erste Beobachtung hatte mit Mondfinsternissen zu tun. Sie kommen dadurch zustande, daß Sonne, Erde und Mond so in einer Reihe stehen, daß die Erde zeitweilig das Sonnenlicht davon abhält, auf den Mond zu fallen. Der Erdschatten gleitet allmählich über die Mondscheibe, und er ist deutlich kreisförmig (s. Bild 1.2).

Das zweite Beweisstück ist weniger direkt, aber noch schlüssiger. Es erforderte die Beobachtung des Himmels nicht nur von einem festen Punkt der Erde, sondern von einer Zahl von Stellen verschiedener geographischer Breiten aus. Es ergab sich: Reist man in den Süden, erscheinen die vertrauten Sternbilder im Norden immer niedriger am Himmel

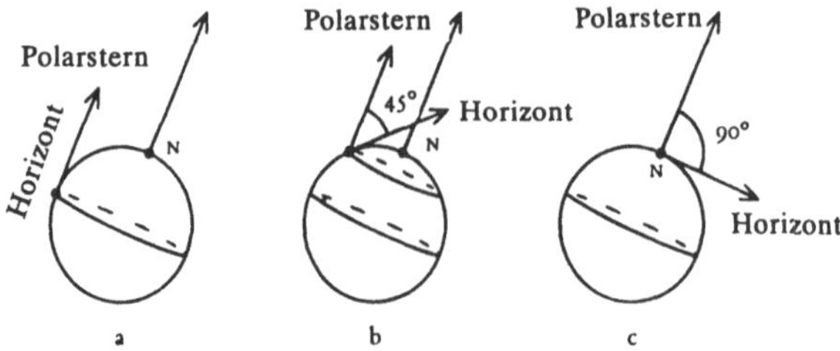

Bild 1.3 a.) Für einen Beobachter am Äquator liegt der Polarstern am Horizont. b.) Bei der Breite 45° sieht ein Beobachter den Polarstern 45° über dem Horizont oder in der Mitte zwischen dem Horizont und dem Zenit c.) am Nordpol erscheint der Polarstern im Zenit. Der Polarstern ist niemals von einem Ort südlich des Äquators zu sehen. (Beachten Sie bitte, daß diese Aussagen nur näherungsweise zutreffen. Sie wären exakt, stünde der Polarstern am Nordpol genau im Zenit; in Wirklichkeit ist er um etwa 1° aus ihm verschoben.)

(s. Bild 1.3), während die im Süden höher stehen. Zudem erscheinen neue Sternbilder, die in höheren Breiten* nie zu sehen sind, am Horizont. Je südlicher man kommt, desto höher erscheinen diese neuen Sternbilder am Himmel und desto größer ist die Zahl neuer Sternbilder, die ins Blickfeld geraten. Es wurde schließlich klar, daß solche Veränderungen genau das sind, was bei einer kugelförmigen Erde zu erwarten ist. Und so stimmte vor über zweitausend Jahren die Vorstellung einer flachen Erde einfach nicht mit den beobachteten Tatsachen überein und mußte verworfen werden. Die anspruchsvollere Frage war nicht die qualitative nach der Gestalt der Erde, sondern die nach ihrer Größe. Wie konnte man die gesamte Erde messen, solange die ungeheuren Ausmaße der Ozeane unüberwindliche Hindernisse für eine Reise darstellten. Eratosthenes von Alexandria fand darauf eine höchst intelligente Antwort.

Alexandria wurde von Alexander dem Großen im Nildelta im nördlichen Ägypten gegründet, wo der Fluß ins Mittelmeer mündet. Alexander wünschte sich eine Stadt, die seinen gewaltigen Ambitionen entsprach; und er hatte mit ihr auch erstaunlichen Erfolg. Das antike Alexandria zog die herausragenden literarischen und wissenschaftlichen Talente an, zum Teil mit seiner Bibliothek – der größten der Welt. Der

Vorsteher dieser Bibliothek war nun in der zweiten Hälfte des 3. Jahrhunderts v. Chr. Eratosthenes, eines der größten wissenschaftlichen Talente in Alexandria sowie der Autor von literarkritischen Büchern.

Die Methode des Eratosthenes zur Bestimmung der Erdgröße ruhte auf drei Säulen. Die erste war ein wenig Elementargeometrie und wird gleich erklärt. Die zweite hatte mit einer glücklichen geographischen Eigenheit einer südägyptischen Stadt am Nil zu tun, die damals Syene hieß und heute unter dem Namen Assuan bekannt ist. Die dritte war ein ganz simples Gerät, das *Gnomon* oder Schattenstab heißt.

Der Gnomon war schon sehr lange in Gebrauch gewesen. Dabei handelt es sich um einen vertikalen Stab, der auf einem nivellierten Untergrund errichtet ist. Der Gnomon erlaubt, den Sonnenschatten zu verfolgen, während die Sonne über den Himmel wandert. Obwohl der Gnomon nicht wie sein fortgeschrittenerer Verwandter, die Sonnenuhr, die Zeit anzeigen kann, liefert er eine überraschende Fülle nützlicher Informationen.

Zunächst gibt der Gnomon einmal am Tag die genaue Zeit an, nämlich am Mittag, wenn die Sonne ihren höchsten Stand erreicht und der Schatten des Gnomons am kürzesten ist. Überdies dient er als Kompaß, indem der Schatten zur Mittagszeit nach Norden zeigt (zumindest in Europa und dem größten Teil der nördlichen Hemisphäre, zu dem auch Alexandria gehört. Jedenfalls liegt der Mittagsschatten stets in der Nord-Süd-Richtung, gleichgültig auf welcher Hemisphäre man sich gerade befindet.).

Der Gnomon dient auch als ein einfacher Kalender, indem er zwei Schlüsseldaten des Jahres bestimmt: die Sommer- und die Wintersonnwende. Wenn man täglich die Stelle, an der der Mittagsschatten endet, markiert, findet man, daß im Winter, wenn die Sonne niedrig steht, die Schatten länger sind, während im Sommer, wenn die Sonne hoch am Himmel steht, die Schatten kürzer sind. Der Mittagsschatten durchläuft einen Jahreszyklus: Vom kürzesten Mittagsschatten im Sommer ausgehend, wird im Laufe von sechs Monaten schrittweise die größte Länge erreicht, in den folgenden sechs Monaten werden dann die Schatten wieder kürzer. Den Tag, an dem der Mittagsschatten am kürzesten ist, nennt man *Sommersonnwende*. Der sechs Monate spätere Tag, an dem

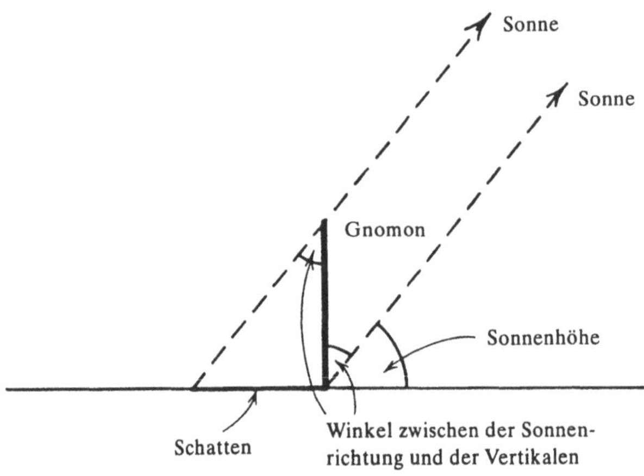

Bild 1.4 Gnomon und Schatten

der Mittagsschatten am längsten ist, ist als *Wintersonnwende** bekannt. Das Zählen der Tage von Sonnwende zu Sonnwende stellte auch eine der frühesten genauen Messungen der Jahreslänge dar.

Schließlich konnte man den Gnomon auch zur Bestimmung der Sonnenhöhe benutzen – also der Winkeldistanz der Sonne vom Horizont in einem beliebigen Augenblick (wenigstens an Sonnentagen). Man mußte dazu nur die Länge des Schattens und die Länge des Stabs messen (s. Bild 1.4). Wenn man nach diesen Vorgaben ein rechtwinkliges Dreieck maßstäblich zeichnet, kann man den dem Schatten gegenüberliegenden Winkel messen; und dieser Winkel zeigt an, wie stark die Sonnenrichtung von der Vertikalen abweicht.

Diese Anwendungen des Gnomons waren Eratosthenes und seinen Zeitgenossen geläufig. Aber es waren die zufälligen geographischen Eigenschaften von Assuan, die Eratosthenes zur Bestimmung der Erdgröße inspirierten. Assuan liegt fast genau südlich von Alexandria. Außerdem genießt es das besondere Privileg, daß die Sonne am Mittag der Sommersonnwende genau im Zenit steht. In diesem Augenblick des Jahreslaufs wirft ein Gnomon in Assuan überhaupt keinen Schatten. (Assuan liegt fast genau auf dem Wendekreis des Krebses. Dieser Namen wurde dem Kreis gegeben, auf dem die Sonne am Mittag der Som-

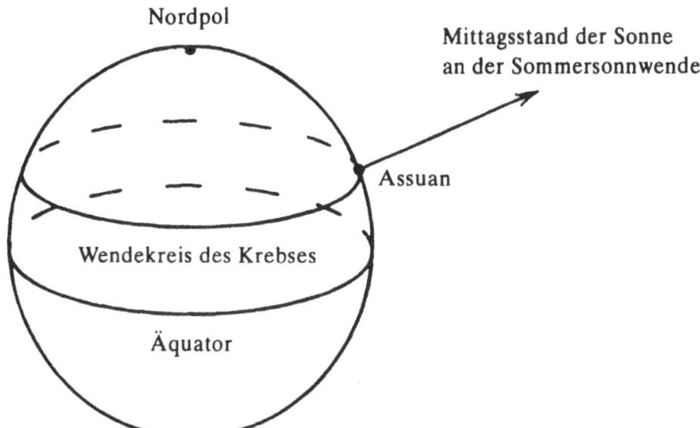

Bild 1.5 Der Wendekreis des Krebses ist ein Breitenkreis etwa 23,5° nördlich des Äquators.

mersonnwende genau durch den Zenit geht. Er liegt etwa $23\frac{1}{2}°$ nördlich des Äquators (s. Bild 1.5).)

Durch Kombination dieser Umstände mit einfachen, aber klugen geometrischen Überlegungen gelang Eratosthenes sein Meisterstück: die Bestimmung des Erdumfangs. Am Mittag der Sommersonnwende bestimmte er in Alexandria einfach mit seinem Gnomon den Winkel zwischen der Sonnenrichtung und der Vertikalen (Bild 1.6). Da die Sonne zu dieser Zeit in Assuan genau im Zenit steht, kannte er damit den Winkel zwischen den Vertikalen in Alexandria und Assuan*. Der belief sich auf ein Fünfzigstel des Vollkreises. Das bedeutete, daß der Gesamtumfang der Erde das 50-fache der Distanz von Alexandria und Assuan beträgt. Da nach modernen Messungen die Entfernung zwischen Assuan und Alexandria etwa 500 Meilen ist, muß die Erde einen Umfang von ungefähr 25 000 Meilen haben.

Die bestechende Einfachheit der Methode des Eratosthenes* wird nicht dadurch geschmälert, daß seine Schätzung mehrere Ungenauigkeiten und Unsicherheiten enthält: Erstens konnte die Messung des Winkels zwischen der Sonnenrichtung und der Vertikalen nur näherungsweise durchgeführt werden; zweitens liegt Assuan nicht genau im Süden von Alexandria, sondern nur ungefähr; es wäre schwierig, wenn nicht unmöglich, gewesen, eine exakte Angabe über die Entfernung der

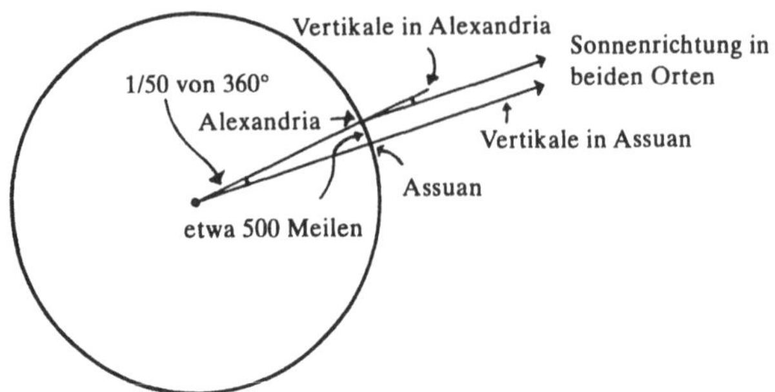

Bild 1.6 Die Methode des Eratosthenes zur Messung der Erde: Wenn die Sonne in Assuan direkt im Zenit steht, mißt man in Alexandria mit Hilfe des Schattens einer vertikalen Stange den Winkel zwischen der Sonne und der Vertikalen.

beiden Städte zu gewinnen; und schließlich gibt es eine beträchtliche Unsicherheit hinsichtlich der antiken Maßeinheiten. Große Entfernungen wurden in *Stadien* – Vielfachen der Länge eines Stadions – angegeben. Nach Eratosthenes betrug der Erdumfang 250 000 Stadien. Die Länge „Stadion" war auf 600 „Fuß" festgesetzt, aber die Länge eines Fußes war nicht standardisiert und schwankte um 10% und mehr. Die Angabe von 25 000 Meilen für den Erdumfang folgt durch Wahl eines Werts am unteren Ende der Skala für die Länge eines Stadions. Insgesamt könnte die Rechnung von Eratosthenes eher als grobe Schätzung denn als wissenschaftlich präzise Messung bezeichnet werden. Dennoch zeigt sie, wie einfache, gleichwohl geistreiche geometrische Überlegungen erfolgreich sein konnten, wo ein direkter Zugang – der die Durchquerung zweier Polargebiete und eines Ozeans bedeutet hätte – weit jenseits des Möglichen lag.

Eratosthenes' Schätzung der Erdgröße war die berühmteste, aber keinesfalls erste solche Schätzung. Ein Jahrhundert vorher zitiert Aristoteles einen Wert, den er nicht namentlich genannten Mathematikern zuschreibt, die womöglich zu einer noch früheren Epoche gehören. Diese und folgende Schätzungen des Erdumfangs sollten, Jahrhunderte später, in der Zeit der Entdeckungen eine bedeutende Rolle spielen. Überdies sollte die Art der Überlegungen von Eratosthenes eine noch viel größere

Rolle bei den langdauernden Bemühungen spielen, die Gestalt und die Ausdehnung des ganzen Universums zu verstehen.

Die Versuche der alten Griechen, den Erdumfang zu bestimmen, führte ganz natürlich zu verwandten Fragen, z. B. wie die Größe des Erddurchmessers zu ermitteln sei. Wenn schon eine direkte Messung der Entfernung entlang der Oberfläche unmöglich schien, lagen Messungen geradewegs durch den Erdmittelpunkt im Bereich reiner Phantasie. Wieder lieferte die Geometrie die Antwort.

Eine der Grundeigenschaften der Kreise ist, daß sie alle gleich aussehen*; seien sie groß oder klein, vergrößert oder verkleinert. Da sich alle Teile im selben Maßstab transformieren, sind Verhältnisse wie das von Umfang und Durchmesser für alle Kreise gleich. Es bleibt die einzige Frage: Wie lautet dieses Verhältnis? Es war früh bekannt (und steht so in der Bibel*), daß die Antwort etwa 3 ist. (Bessere Näherungen, wie $3\frac{1}{8}$, waren den Babyloniern und Ägyptern bereits viel früher bekannt.) In heutiger Zeit bezeichnet der griechische Buchstabe π dieses Verhältnis, weil π der erste Buchstabe im griechischen Wort „perimeter“ (mit der Bedeutung „Um-herum-Messen“) ist. Die erste sorgfältige Berechnung des Zahlenwerts von π wurde vom größten Wissenschaftler der Antike durchgeführt: von Archimedes, einem Zeitgenossen von Eratosthenes. Er zeigte, daß π zwischen $3\frac{10}{71}$ und $3\frac{1}{7}$ liegen muß. Wenn also der Reiseweg um die Erde, mit Alexandria als Start und Ziel, 25 000 Meilen weit ist, dann liegt die Länge des Durchmessers zwischen 7 955 und 7 960 Meilen (s. Bild 1.7) – fürwahr eine kleine Fehlerbreite.

So waren Größe und Gestalt der Erde vor zweitausend Jahren vernünftig nachgewiesen. Leider ging mit dem Zerbröckeln der antiken Kulturen ein in tausend Jahren zusammengetragenes Wissen für den europäischen Kontinent verloren. Glücklicherweise fiel in die Zeit des Niedergangs des Westens der Aufstieg der arabischen Zivilisation und Kultur, und ein Großteil des antiken Wissens wurde übersetzt und nach dort gebracht. Dabei kam der Wunsch nach Verfeinerung auf. Ein Beispiel war das Bravourstück von al-Kashi* aus Samarkand, der 1424 die Archimedische Methode zur Berechnung der Zahl π in einer Weise fortführte, die man sich nie hätte träumen lassen: Er bestimmte ihren Wert auf sechzehn Dezimalstellen*. Er tat das nicht nur aus reiner Freude

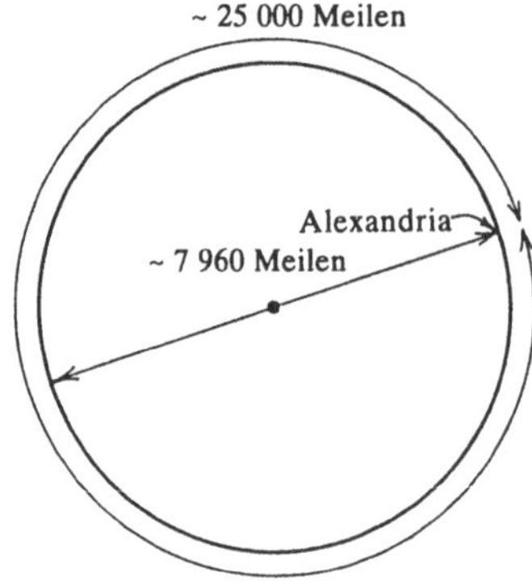

Bild 1.7
„Messen" des Erddurchmessers

an einer Rechnung, die alles Bisherige in den Schatten stellte, sondern auch zu einem ganz bestimmten Zweck: die Bestimmung des Umfangs des Weltalls bis auf Haaresbreite. Um ein Gefühl für den Grad der Genauigkeit zu bekommen, die er bei der Berechnung des Werts von π erzielte: Wäre die Erde eine vollkommene Kugel mit einem Umfang von 25 000 Meilen, würde al-Kashis Zahl den Erddurchmesser bis auf weniger als ein Zehnmillionstel von einem Zoll genau bestimmen. Allein der im 5. Jahrhundert von dem chinesischen Mathematiker *Tsu Ch'ungchih** gefundene Wert $\frac{355}{113}$ oder $3\frac{16}{113}$ stellte damals eine wenigstens vergleichbare Leistung dar. Er gibt π auf sechs gültige Dezimalen an.

Samarkand war zufällig eines der großen Kulturzentren, als al-Kashi dort lebte und wirkte. Der mongolische Eroberer Timur-Leng (Tamerlan) machte es zu seiner Hauptstadt. Sein Enkel Ulug-Beg, der schließlich sein Nachfolger wurde, war stolz auf seine Kenntnisse der Mathematik und Astronomie. Er baute ein Observatorium in Samarkand, an dem al-Kashi arbeitete und an dem der größte Sternkatalog dieser Zeit zusammengestellt wurde. Viele unserer heutigen Sternnamen sind arabischen Ursprungs.

Samarkand liegt im südlichen Teil des heutigen Usbekistan, einer Region, die in der Zeit nach dem Niedergang der griechischen Zivilisation und vor der Neuzeit einen bemerkenswerten Anteil mathematischer Welttalente hervorbrachte. Zwei größere Figuren kommen aus einer Gegend südlich des Aralsees, die damals Khwarizm [Choresm, am Unterlauf des Amu-Darja (Oxus)] hieß. Der eine war der brillante al-Biruni, der 973 geboren wurde und bis weit ins nächste Jahrhundert hinein lebte. Wir werden ihm später noch begegnen. Der andere, noch berühmtere war einfach nach seinem Geburtsort als al-Khwarizmi [Al-Charismi, Chorismi, Chwarismi] bekannt. Sein Name ging in das moderne Wort „Algorithmus“ über, und der Titel von einem seiner Bücher gab uns das Wort „Algebra“. Er verfaßte auch die erste arabische Abhandlung über „indische Arithmetik“. Sie war wiederum die erste, die ins Lateinische übersetzt wurde, und war Teil der Bewegung, die zur allgemeinen Übernahme der „arabischen Zahlen“ im Westen führte.

Während der Herrschaft des Kalifen al-Mamun, von 813 bis 833, arbeitete al-Khwarizmi in einer Art Forschungsbibliothek, die von al-Mamun gegründet worden war und Haus der Weisheit genannt wurde. Eines der Projekte von al-Mamun, an denen al-Khwarizmi teilnahm, war eine sorgfältige Schätzung des Erdumfangs mit Hilfe einer direkten Messung eines Breitengrads der Erdoberfläche. Ein Trupp von Landvermessern begab sich in eine große Ebene etwa 200 Meilen nördlich von Bagdad (unweit der biblischen Stadt Ninive). Sie gingen dann Richtung Norden zu einem Punkt, an dem die Sonnenhöhe zur Mittagszeit genau ein Grad weniger betrug als am Ausgangspunkt. Sie kamen auf eine Wegstrecke von etwa 57 Meilen. Nachdem ein Vollkreis 360 Grade hat, schlossen sie, daß der Erdumfang das 360-fache der von der Landvermessungseinheit gefundenen Strecke oder 20 500 Meilen betrage. Die damals gebräuchliche Einheit „Meile“ war etwas länger als unsere heutige „Meile“, weshalb diese Schätzung des Erdumfangs in der Übersetzung schlechter wirkt. Aber das hat wenig zu bedeuten. Was zählt, ist, daß im frühen 9. Jahrhundert in der Welt der islamischen Wissenschaft die Kugelgestalt der Erde als einfache Tatsache akzeptiert war. Man wußte, daß die Krümmung der Erde die wechselnden Höhen der Sterne und der Sonne bei Nord-Süd-Reisen erklärt, und Gelehrte des 9. Jahrhunderts waren imstande, Größe wie Gestalt der Erde zu bestimmen, indem sie die Änderung bei den Winkeln der Sterne oder der Sonne über dem Horizont entlang einer präzise vermessenen Distanz auf der Erde maßen.

Die meisten Europäer um das Jahr 1000 hatten jedoch keine Ahnung von all diesen Entdeckungen im Nahen und Fernen Osten oder eigentlich von dem gesammelten Wissen der alten Griechen über ein Jahrtausend zuvor; sie waren unfähig, über ihren Horizont zu blicken – im wörtlichen wie übertragenen Sinn –, für sie war die Welt flach, das Universum unergründlich.

Kapitel 2
Kartierung der Erde

ALS NUN, WER ES AUCH WAR VON DEN GÖTTERN, DAS WIRRE GEMENGE SO ZERTEILT UND GESCHIEDEN UND DANN ZU GLIEDERN GEORDNET, BALLTE ZUNÄCHST, DAMIT IHR GLEICHMASS FEHLE AN KEINER STELLE, DIE ERDE ER FEST ZUR GESTALT EINER MÄCHTIGEN KUGEL

—Ovid, *Metamorphosen*[1],
erstes Jahrzehnt n. Chr.

Es ist eine der hartnäckigsten Legenden der westlichen Welt, Christoph Kolumbus* habe, bevor er Unterstützung für seine Expeditionen erhielt, erst den verbreiteten Glauben überwinden müssen, die Erde sei flach statt rund und er werde beim Versuch, westwärts nach Asien zu segeln, riskieren, über den Rand der Erde hinauszugeraten. Zweifellos entspringt diese Legende einer Raffung der geschichtlichen Vergangenheit, wobei das Frühmittelalter, in dem der Glaube an eine flache Erde in Europa tatsächlich verbreitet war, mit dem Spätmittelalter in einen Topf geworfen wird. Damals – Jahrhunderte später – hatte Europa den Wissensstand des antiken Griechenlands und des mittelalterlichen Islam erreicht, teilweise sogar überholt.

Ptolemäus – Astronom, Geograph und Mathematiker – lebte über tausend Jahre vor Kolumbus, zur Blütezeit des Römischen Reichs, in Alexandria. Im 2. Jahrh. n. Chr. arbeitete er daran, die wissenschaftlichen Errungenschaften der voraufgegangenen Jahrhunderte zu konsolidieren und erweitern. Zu seinen Leistungen gehört die Fertigstellung zweier

[1] Anm. d. Übers.: 1. Buch, Zeilen 32–35; in deutsche Hexameter übertragen von Erich Rösch, Artemis Verlag, München und Zürich, 1983

Werke, die von islamischen Gelehrten und Renaissance-Europäern als definitive Beschreibung des Himmels und der Erde angesehen wurden. Das erste Buch wurde unter der latinisierten Form seines teils arabischen, teils griechischen Titels *Almagest** bekannt, was soviel wie „der Größte" bedeutet. Der *Almagest* wurde für die Astronomie, was Euklids *Elemente* für die Geometrie waren: die endgültige Behandlung des Themas für über tausend Jahre.

Ebenso wurde Ptolemäus' *Geographie* die Standardreferenz dieses Gebiets, der sich keiner entgegenstellte. Obwohl man erwarten könnte, daß die Gebiete Geometrie, „Messung der Erde", und Geographie, „Beschreibung der Erde", unlösbar miteinander verknüpft sind, waren ihre Anfänge ganz gesondert. Geographische Informationen waren spärlich und wenig verläßlich, und Karten waren nur für den großzügigen Gebrauch gedacht. Man vermutet in Eratosthenes einen der ersten, die mathematische Methoden in die Kartierung eingeführt haben. Seine Methoden wurden von Hipparchos verfeinert. Der war einer der großen Astronomen der Antike und – soweit wir wissen – auch der erste, der die Trigonometrie entwickelt hat, die systematische Erfassung der Beziehungen zwischen den Winkeln und den Seitenlängen in einem Dreieck. Ptolemäus verwendete frühere Methoden und Entdeckungen und machte im Dienst der Geographie vollen Gebrauch von der Geometrie. Er schrieb:

> In der Geographie sind sowohl die Ausmaße als auch die Gestalt der gesamten Erde, ferner ihre Stellung unter dem Himmel zu betrachten, will man die Besonderheiten und Proportionen des Teils korrekt angeben, mit dem man gerade befaßt ist ...
>
> Es ist die große Fähigkeit der Mathematik, all diese Dinge dem menschlichen Geist zu vermitteln ...

Nach dem Untergang Roms kehrte die Kartenherstellung in Europa wieder in ihr früheres, mehr phantasievolles Stadium zurück, in dem man sich auf Vermutungen und Hörensagen statt auf Fakten und Wissenschaft verließ. Erst im 13. Jahrhundert stand die *Geographie* von Ptolemäus wieder zur Verfügung, freilich nur im ursprünglichen Griechisch, einer damals nicht weithin bekannten Sprache. Weitere zweihundert Jahre vergingen, bis sie ins Lateinische übersetzt war; die erste gedruckte Auflage stammt von 1472. Kolumbus besaß eine 1479 gedruckte Ausgabe.

Die Kugelgestalt der Erde ist in der *Geographie* des Ptolemäus eine akzeptierte Tatsache. Mehrere nachfolgende Bücher, die zwischen 1200 und 1500 verfaßt wurden, setzten die Erörterung der Gestalt der Erde fort; allein der Titel des berühmtesten von ihnen liefert den klaren Beweis dafür, welche Ansicht gebildete Leute im 15. Jahrhundert von der Welt hatten. Es hieß einfach *Die Sphäre* (Bild 2.1). Der Autor war unter Sacrobosco* bekannt, dem latinisierten Namen des Engländers Johann von Holywood, der Anfang des 13. Jahrhunderts eine Anzahl Bücher verfaßte. Wahrscheinlich ist es das erfolgreichste Lehrbuch in der Geschichte – es wurde immer wieder neu aufgelegt und war nach 500 Jahren immer noch in Gebrauch. (Würde man Euklids *Elemente* zu den Lehrbüchern zählen, hielte zweifellos dieses Werk den Rekord der Langlebigkeit; es wurde jedoch in einer völlig anderen Geisteshaltung geschrieben und war sicherlich nicht als Lehrbuch gedacht.

Sacrobosco adaptierte für sein Buch einfach die wesentlichen Passagen aus dem *Almagest* des Ptolemäus, ergänzte es durch einiges neuere Material und überging dafür einige Details, um zu einer leichter zugänglichen Darstellung des damaligen Verständnisses der Abläufe im Universum zu gelangen. Wie der Titel andeutete, war die „Sphäre" der Schlüssel zu allem. Die Erde war eine Kugel innerhalb der großen Sphäre der Fixsterne, während die Sonne, der Mond und die Planeten auf dazwischengeschaltete Sphären geheftet waren. Der Beweis dafür, daß die Erde rund und nicht flach ist, wurde unmittelbar von Ptolemäus übernommen:

> Wäre die Erde flach von Osten nach Westen, würden die Sterne für Westler und Orientalen zur selben Zeit aufgehen*. Das ist jedoch nicht der Fall. Wäre die Erde von Norden nach Süden, und umgekehrt, flach, würden die für einen Betrachter stets sichtbaren Sterne [Zirkumpolarsterne] immer dieselben sein, wohin er auch ginge. Das ist ebenfalls falsch. Die Erde scheint nur flach, weil sie so groß ist.

Daz auch daz wazzer sin
bel sei dez zaichen nem
wir also. Man setz ain zil
an dez meres ufer oder an
daz gestat. vnd ge ain schif
von dem zil. daz schif mag
als verre in daz mere tretē.
daz aines menschen auge
vnden pei dem mastpaum
daz zil an dem ufer oder an
dem gestat niht gesehen
mag. vnd die augen oben
in der höhen des mastpau
mes sehent daz selb zil wol
vnd scholt doch daz vnter
aug daz zil paz sehen dan
ne daz ober. dar vmb daz
sein lenge kürtzer ist zu
dem zil als vns offenbar
ist in diser gegenwertigē
figur.

von den lengen die von
paiden augen gefürt wer
den von dem zil. Wez mag
kain ander sach gesein
danne dez wazzers gepeug
vnd die runden grözz. wā
ne tu wir alle hinder nusse
ab da von die augen ge
hindert werden möhtē als
nebel ist. vnd ander dünst.
so ist dem ding also. Ein
ander sach nem wir des
selben also. Seit daz waz
zer ist ein ainformig leich
nam so sint allen sein stü
ke der selben form vnd d
selben natur. vnd da von
mug wir gesprechen von
ainem iegleichem stukke
dez wazzers daz ist wazzer
aber daz mug wir von al
len dingen niht gesprech
en. wanne wir sprechen
niht. dez menschen stukke
ist ain mensch. des ohsen
stukke ist ain oho. nu sint
dez wazzers stukke sinbel.
als wir sehen an den tröpf
lein die daz tav in sumer

Die Sphäre enthält eine Variante von Eratosthenes' Schätzung des Erdumfangs und eine Berechnung des Erddurchmessers unter Verwendung des Wertes $\frac{22}{7}$ für π.

Welchen Einfluß hatte Sacroboscos Buch? Eine der Anforderungen für den akademischen Grad eines Lizentiats wurde 1366 von der Fakultät in Paris dahingehend interpretiert, daß der Student eine Reihe von Vorlesungen über *Die Sphäre* und ein weiteres Buch zu besuchen habe. *Die Sphäre* war 1389 eine der Bedingungen für das Baccalaureat in Wien, ebenso 1409 in Oxford und 1422 in Erfurt. Mindestens zwei weitere große Universitäten dieser Zeit, nämlich Prag und Bologna, hatten *Die Sphäre* als Pflichtlektüre auf ihrem Lehrplan.

In Kolumbus' Tagen war die Ansicht, die Erde sei sphärisch, weder ungewöhnlich noch kontrovers. Ironischerweise *beruhte* eines der Argumente, die von den Ratgebern am spanischen Hof gegen Kolumbus vorgebracht *wurden*, gerade auf der Annahme einer sphärischen Erde (in Verbindung mit einem verständlichen Irrtum über die Wirkungsweise der Schwerkraft*). Das Argument bestand darin, daß man bei zunehmender Entfernung von der Heimat bei einem immer steiler werdenden Winkel segeln würde. Schließlich würde man den Punkt erreichen, wo ein Bergauf-Segeln, selbst bei stärksten Winden, nicht mehr möglich wäre.

Es ist heute schwer, einzuschätzen, wie sehr die Erde und ihre Ozeane als gewaltig und abschreckend empfunden wurden – die riesigen Ausmaße und die fürchterlichen Gefahren, deren sich Forschungsreisende wie Kolumbus bewußt waren, verschmolzen mit der noch größeren Furcht vor dem Unbekannten. Und alles wurde von Gerüchten und Geschichten verstärkt, die beim Weitererzählen aufgebauscht wurden. Ein ausgedehntes Unternehmen dieser Zeit – die Erforschung der Westküste

Bild 2.1 Eine Illustration aus einer frühen deutschen Übersetzung von Sacroboscos *Sphäre*. Das Bild zeigt ein Auge an der Spitze eines Schiffsmasts und ein weiteres an dessen unterem Ende. Hat das Schiff eine gewisse Entfernung von der Küste, kann jemand an Deck wegen der Erdkrümmung eine Stelle an Land, die von der Mastspitze noch sichtbar ist, nicht mehr sehen. (Mit freundlicher Genehmigung der Bayerischen Staatsbibliothek, München)

Afrikas – dauerte fast ein ganzes Jahrhundert. Die Erkundung der afrikanischen Küste durch die Portugiesen beschäftigte Experten der Navigation, Kartographen, Hersteller nautischer Instrumente und Schiffsbauer. In diesen Jahren erlebten Generationen von Matrosen, Steuermännern und Kapitänen auf ihren Reisen direkt die Klimawechsel, die unvertrauten Positionen von Sonne und Sternen und das Auftauchen ganz neuer Sternbilder, alles eine Folge der Erdkrümmung.

Die eigentliche Streitfrage für Kolumbus und seine Zeitgenossen war nicht die Gestalt der Erde, sondern ihre Größe; und bei dieser Frage war tatsächlich Raum für Diskussionen. In den etwa 500 Jahren zwischen Aristoteles und Ptolemäus hatte es einige Schätzungen der Erdgröße gegeben. Die Schätzung des Eratosthenes gehörte zu denen, die der Wahrheit am nächsten kamen (wenn auch der Wert etwa 10 Prozent zu hoch veranschlagt wird, je nachdem wie die damaligen Maßeinheiten heute interpretiert werden). Ptolemäus wählte für seine *Geographie* eine um 20 Prozent zu niedrige Schätzung. Da im 15. Jahrhundert Ptolemäus *die* Autorität in der globalen Geographie war, war der von ihm angegebene Wert des Erdumfangs – ungefähr 20 000 Meilen – weithin akzeptiert. Für Kolumbus hatte Ptolemäus' Schätzung noch die angenehme Seite, die Behauptung der Durchführbarkeit einer Orientreise gen Westen zu stützen. (Auf einer früheren Reise nach Afrika führte Kolumbus eigene Messungen durch, die den Wert von Ptolemäus zu bestätigen schienen.) Zur Unterschätzung der Erdgröße gesellte sich bei Ptolemäus eine Überschätzung der Größe Asiens. Die resultierende Karte zeichnete eine Erde, deren Weltmeer zwischen dem Westzipfel Europas und dem Ostzipfel Asiens unter dem Aspekt der Lebensmittelversorgung eine Überquerung durchaus zuließ.

1484 berief König Johannes II. von Portugal eine Sachverständigenkommission ein, die Junta dos Matemáticos* hieß und einen Überblick über Vorschläge zur Meereserkundung verschaffen und deren Durchführbarkeit beurteilen sollte. Die Mitglieder der Junta waren nicht nur über den Wissensstand in Geographie und Navigation bestens informiert, ihnen standen auch die Berichte der vielen vorangegangenen portugiesischen Erkundungsreisen zur Verfügung. Zweifellos waren sie der Meinung – die durch die nachfolgenden Ereignisse voll bestätigt wurde –, daß Kolumbus mit seiner Schätzung der Entfernung Asiens allzu optimistisch war.

Nach der Abfuhr in Portugal trug Kolumbus seine Sache in Spanien vor, wo er – trotz vieler Verzögerungen – am Ende königliche Unterstützung für seine Expedition erhielt.

Kolumbus war nicht nur mit seiner Schätzung der Distanz bis zum Orient im Irrtum, sondern auch mit der Annahme, daß sich auf seiner Route von Europa nach Asien kein Land befinde. Hätte er, nachdem er im ersten Fall unrecht hatte – die Entfernung war in Wirklichkeit viel größer, als seine Vorräte je gereicht hätten –, im zweiten Fall recht gehabt, wäre er fast mit Sicherheit ins Verderben gesegelt. Zu seinem Glück war er beidesmal im Irrtum, und in diesem Fall machte „zweimal falsch" ein triumphales „richtig", mit all dem Ruhm im Gefolge.

Die Reisen von Kolumbus änderten buchstäblich die Weltkarte. Vor diesen Fahrten zeichneten die europäischen Kartenmacher die Welt oft als einen großen Kreis oder als Oval mit Europa, Asien und Afrika darin und dem Weltmeer darum herum. Kolumbus hätte zu Recht den linken Rand als dieselbe Linie interpretiert wie den rechten. In anderen Worten: Ein Segeln über den linken Rand der Karte hinaus hätte eine Ein-fahrt am rechten Rand der Karte bedeutet – genau so, wie fünfhundert Jahre später Videospiel-Liebhaber sehen, daß Bilder am linken Rand des Bildschirms verschwinden und am rechten wieder erscheinen.

Mit der Entdeckung Amerikas durch die westliche Kultur wurde es bequemer, die Welt in Form zweier Hemisphären – der östlichen und westlichen – zu zeichnen, jede in einem eigenen Kreis dargestellt. Ein Segeln aus einem Kreis einer solchen Karte heraus ist gleichbedeutend mit dem Segeln in den anderen hinein. Bei dem eurozentrischen Blickwinkel der Kartenhersteller wurde die westliche Hemisphäre die „Neue Welt" und deren eigene Hemisphäre die „Alte Welt" (Bild 2.2).

Die Beschreibung der Erde mittels zweier Hemisphären ist so Allgemeingut geworden, daß einige der subtileren Aspekte leicht übersehen werden. Zunächst ist die Einteilung in westliche und östliche Hemisphäre völlig willkürlich – die Erde kann zu Zwecken der Kartierung in beliebiger Weise zweigeteilt werden (Bild 2.3). Natürlicher ist die Teilung in nördliche und südliche Hemisphäre (Bilder 2.4 u. 2.5). Tat-

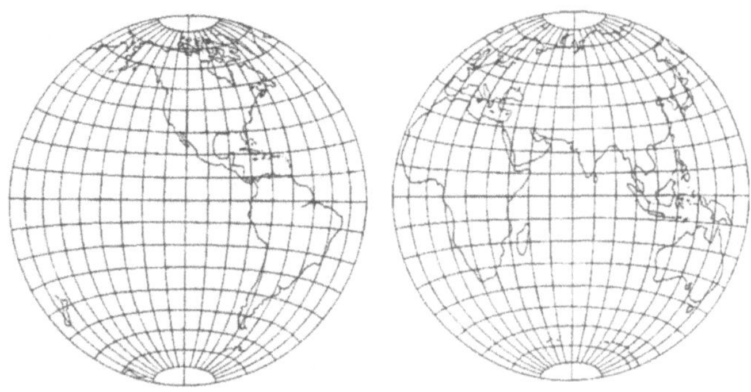

Bild 2.2 Die westliche und die östliche Hemisphäre

sächlich kann jeder Großkreis dazu verwendet werden, die Erde in zwei gleiche Hälften zu teilen, von denen dann jede im Innern eines Kreises abzubilden ist. Im Fall der nördlichen und südlichen Hemisphäre bildet der Äquator den gemeinsamen Rand. Jeder Punkt der Erdoberfläche liegt entweder oberhalb des Äquators, unterhalb des Äquators oder auf ihm. Alle Punkte oberhalb des Äquators sind in einer solchen Karte als Punkte im einen Kreis gezeichnet, wohingegen alle Punkte unterhalb des Äquators als Punkte im anderen dargestellt werden. Eine Stelle genau auf dem Äquator ist zweimal auf der Karte abgebildet – jeweils auf den Kreisen, die den äußeren Rand der beiden Hemisphären repräsentieren. Zum Beispiel erscheint der Punkt in der Nähe der afrikanischen Westküste, wo die Portugiesen zum erstenmal den Äquator überquerten, am äußeren Rand der nördlichen Hemisphäre und am äußeren Rand der südlichen Hemisphäre.

Eine der unerwünschteren Eigenschaften der Zwei-Hemisphären-Karte besteht darin, daß gewisse Punkte, die auf der Erde dicht beisammen liegen – zum Beispiel dicht oberhalb und unterhalb des Äquators –, auf der Karte alles andere als benachbart sind. Dies ist jedoch ein Nachteil, der sich nicht beheben läßt. Man kann mit den Mitteln der *Topologie*, eines jüngeren Zweigs der Mathematik, beweisen, daß *jede* Karte der gesamten Erdoberfläche diesen Mangel aufweisen muß; es gibt keine Möglichkeit, die gesamte Welt auf einem Blatt Papier so dar-

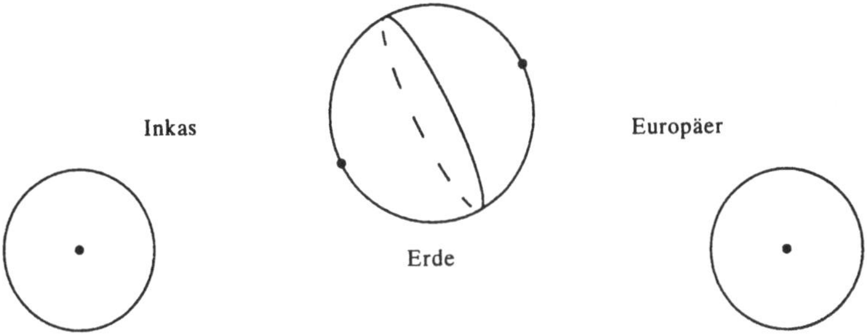

Bild 2.3 Teilung der Welt in eine Hemisphäre der Inkas und eine der Europäer

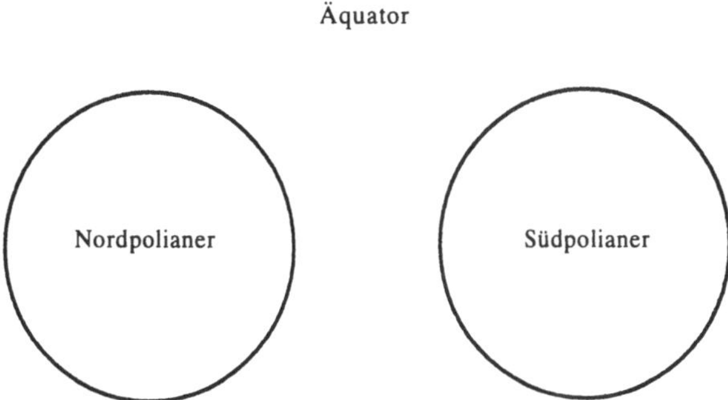

Bild 2.4 Teilung in nördliche und südliche Hemisphäre

zustellen, daß benachbarte Punkte auf der Erde stets auch auf der Karte dicht beieinander liegen.

Dieser Mangel ist für Kartenleser und Seeleute eher eine Unbequemlichkeit denn ein ernsthaftes Problem. Viel kritischer ist die Frage, wie man die geographischen Eigenschaften innerhalb der beiden Hemisphären so darstellt, daß Entfernungen und Richtungen der Karte verläßlich entnommen werden können. Die frühen Karten waren offenkundig ungenau. Die unvollständigen und nicht verläßlichen Daten, die als Grundlage für die Karten gedient hatten, waren nur ein Teil des Problems. Grundlegender war die Frage, wie die Messungen von geographischen Längen und Breiten auf der Erdoberfläche in entsprechende Stellen auf der Karte zu überführen sind, ohne riesige Verzerrungen zu erzeugen.

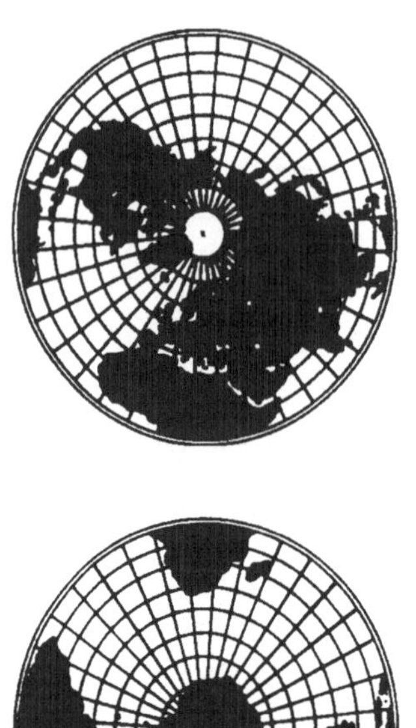

Bild 2.5 Nördliche und südliche Hemisphären-Karte

Für die Zwecke der Seefahrt war es besonders wichtig, eine Karte zu haben, auf die man sich verlassen konnte. Es gibt zwei Eigenschaften, die die Seeleute besonders schätzen. Erstens, daß für alle Punkte der Karte die Nordroute nach oben zeigt. Zweitens, daß alle Kompaßrichtungen auf der Karte relativ zur Nordrichtung korrekt eingezeichnet sind*, so daß ein von Osten nach Westen fließender Fluß auf der Karte horizontal verläuft oder eine nordöstlich verlaufende Straße unter einem Winkel von 45° erscheint – in der Mitte zwischen der Vertikalen und der Horizontalen.

Jede Karte mit diesen beiden Eigenschaften wollen wir eine *nautische* Karte nennen. Solche Karten haben automatisch gewisse zusätzliche Eigenschaften: Die Breitenkreise erscheinen als horizontale Geraden, und die Karte hat einen festen Maßstab entlang jedes Breitenkreises*, das

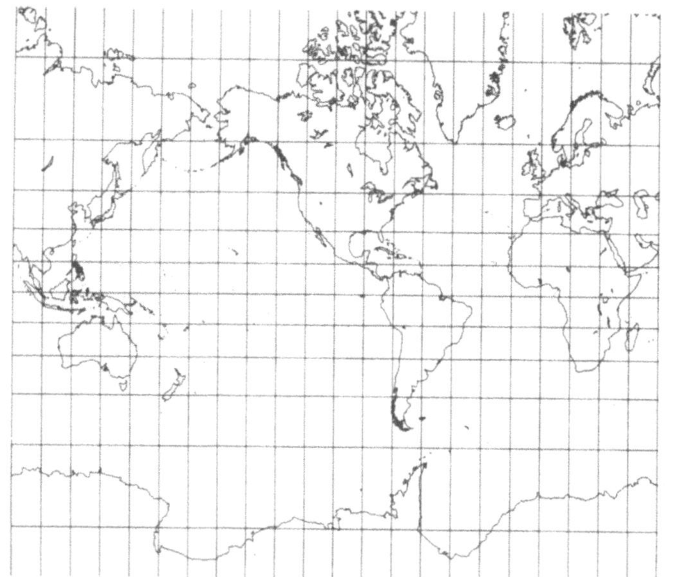

Bild 2.6 Eine Mercator-Projektion

heißt, drei Punkte, die auf einem solchen in gleichen Abständen liegen, erscheinen auf der Karte in gleichen Abständen. Und wenn man von Lissabon zu einer bestimmten Stelle an der Küste Nordamerikas segeln will, braucht man nur den festen Kompaßkurs zu setzen, der durch die Richtung der Geraden zwischen den entsprechenden Punkten auf der Karte angezeigt wird.

Die erste Karte, die tatsächlich gemäß diesen Prinzipien entworfen wurde, wurde 1569 von dem flämischen Kartenmacher Gerhard Kremer gezeichnet, der sich den latinisierten Familiennamen Mercator zulegte.

Heutzutage steht der Name Mercator für diese besondere Karte (Bild 2.6). Damals aber war Mercators Ruhm nicht auf die Kartenherstellung beschränkt. Er war sehr bekannt und überaus erfolgreich in der langen Tradition der Handwerksmeister des Renaissance-Italien, dessen wissenschaftliche Instrumente gleichermaßen als Kunstwerke gerühmt und von den Medici gesammelt wurden. 1541 fertigte Mercator einen Globus für Karl V., den Kaiser des Hl. Römischen Reiches, der damals einen

Satz von Instrumenten zur Landvermessung bestellte. Die Kombination von Schönheit und Präzision brachte Mercator viele Aufträge und einen beträchtlichen Wohlstand und Ruhm ein. Seine besondere Leidenschaft scheint aber das Kartenwesen gewesen zu sein; er verbrachte viele Jahre mit der Arbeit an einer endgültigen Ausgabe von Ptolemäus' *Geographie*, und er war allgemein als Europas erster Kartograph respektiert.

All das bedeutete wenig für die Nachwelt, die ihr Interesse auf eine einzige Karte konzentrierte, die Mercator 1569 zeichnete und von der nur ein einziges Exemplar erhalten ist. Mercator war auch das Opfer einer sprachlichen Feinheit, die zu einem weitverbreiteten Mißverständnis über die Art seines Kartenentwurfs geführt hatte. Das Wort „Projektion" wird von den Kartographen in einem viel weiteren Sinn als im täglichen Gebrauch oder in der mathematischen Terminologie verwendet, wo der Ausdruck die Vorstellung eines kleinen transparenten Globus hervorruft, dessen Oberfläche die gewünschten geographischen Züge aufweist und um den ein Zylinder gewickelt ist, der die Kugel am Äquator berührt. Ein Licht im Innern der Kugel „projiziert" die Sphäre auf den Zylinder. Das heißt, es wirft die Schatten der Kontinente auf den Zylinder und jeder Meridian wird in eine vertikale Linie abgebildet. Wird der Zylinder entlang einer dieser Linien aufgeschnitten und zu einer Ebene ausgerollt, sieht das Ergebnis ganz wie Mercators berühmte Karte aus und weist viele von deren Eigenschaften auf: Die Meridiane sind vertikale Geraden, die Breitenkreise horizontale Geraden, und für eine konstante Breite hat man denselben Maßstab. Dennoch ist sie keine wirkliche Mercator-Karte: Mit Ausnahme der Nord-Süd- und der Ost-West-Richtung sind alle Kompaßrichtungen falsch (s. Bild 2.7).

Die Karte von Mercator beruht nicht auf einer solch einfachen Projektion oder geometrischen Konstruktion. Mercator beschrieb die Prinzipien, nach denen die Karte gezeichnet wurde*, wie folgt:

> Bei der Fertigung dieser Darstellung der Welt mußten wir eine neue Proportion und eine neue Anordnung des Meridians in bezug auf die Breitenkreise verwenden ... wir haben auf die Pole zu die Breitengrade zunehmend verstärkt, und zwar proportional zur Verlängerung der Breitenkreise hinsichtlich des Äquators.

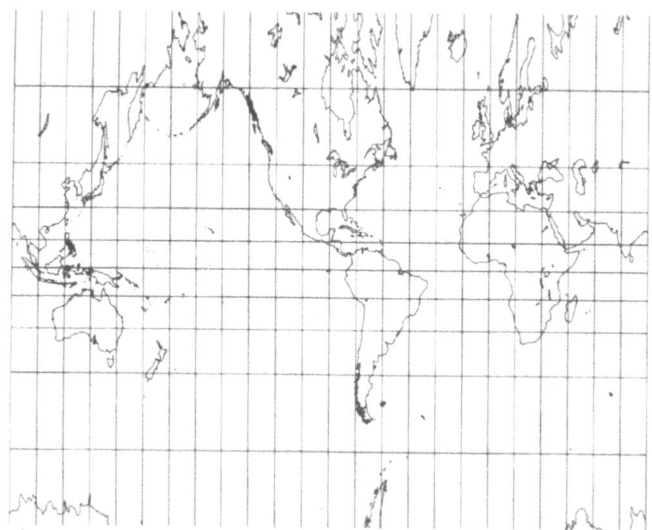

Bild 2.7 Eine Zylinderprojektion. Die Verzerrung der Karte in Polnähe ist bei der Zylinderprojektion noch viel stärker als bei der Mercator-Karte.

Mit anderen Worten: Damit die Winkel richtig herauskommen, dehnte Mercator die Karte in vertikaler Richtung (das ist mit „Verstärkung der Breitenkreise auf die Pole zu" gemeint), und der Grad der vertikalen Dehnung ist derselbe wie bei der horizontalen. Aber der Grad der horizontalen Dehnung entlang eines Breitenkreises ist einfach das Verhältnis der Äquatorlänge zur Länge des gegebenen Breitenkreises, weil der Äquator und alle Breitenkreise als horizontale Linien gleicher Länge, der Kartenbreite, erscheinen. Gemäß diesen Leitlinien und mit ebensoviel Kunst wie Wissenschaft fertigte Mercator seine Karte an. Erst gegen Ende des Jahrhunderts gab Edward Wright eine explizite Formel für den Betrag der Dehnung bei einer gegebenen Breite an und stellte mit ihrer Hilfe eine Tafel kleiner Breitenzuwächse und der entsprechenden Positionen auf der Mercator-Karte zusammen. Die Wrightschen Tafeln erlaubten jedermann, die Karte zu konstruieren (ohne die Prinzipien, auf denen sie beruhte, zu beherrschen). Allein, die Wrightschen Tafeln lieferten immer noch nur eine Näherung der wahren Mercator-Karte. Sie waren unter den gegebenen Umständen das Beste, da die exakten Gleichungen für die Mercator-Karte* Logarithmen* enthalten, und die waren damals noch nicht erfunden. Erst 1668, gerade 99 Jahre, nachdem Mercator die Idee zu seiner Karte hatte, gelangten die Mathematiker durch Anwendung der neu entwickelten Integralrechnung* zu den exakten Gleichungen der Mercator-Karte. Mit Hilfe dieser Gleichungen kann jedermann – bzw. heute jeder Computer – eine Mercator-Karte beliebiger Genauigkeit zeichnen.

Der größte Nachteil der Mercator-Karte war ihre vom Äquator zu den Polen zunehmende Verzerrung. Während ein Paar von Punkten auf zwei vertikalen (oder longitudinalen) Linien seine Distanz beibehält, rücken die entsprechenden Punkte auf der wirklichen Erdoberfläche bei Annäherung an die Pole immer mehr zusammen. Im Ergebnis erscheint ein Gebiet hoch im Norden oder tief im Süden auf der Karte viel größer als eines derselben Größe in der Nähe des Äquators.

Man hätte natürlich gerne eine Karte mit den wünschenswerten Eigenschaften der Mercator-Karte, aber ohne Verzerrung. Doch ist es eine geometrische Tatsache* (auf deren vollständigen Beweis man mehrere hundert Jahre zu warten hatte), daß die beiden Eigenschaften einer nautischen Karte – eine vertikale Nordrichtung und gegenüber dieser korrekt wiedergegebene Richtungen – die Karte (bis auf einen Skalenfaktor) völlig bestimmen: Sie muß die Mercator-Karte sein. Wir haben also die Wahl, entweder eine (oder beide) der gewünschten Eigenschaften zu opfern oder die Verzerrung hinzunehmen.

Dieses Problem ist nicht nur auf Karten beschränkt, die die gesamte Erde darzustellen suchen. Es stellt sich bei jeder Karte einer Stadt, einer Region oder eines Landes. Solche Karten enthalten typischerweise einen Pfeil, der für alle Punkte auf der Karte die Nordrichtung angibt und einen festen Maßstab, wie z. B. „ein Zentimeter pro Kilometer", was bedeutet, daß die Entfernung zwischen zwei Punkten der Karte, in Zentimetern gemessen, die tatsächliche Entfernung zwischen den entsprechenden Punkten auf der Erde in Kilometern angibt. Aber es ist unmöglich, daß eine Karte sowohl eine feste Nordrichtung für alle Punkte auf der Karte als auch einen festen Maßstab besitzt. Eine solche Karte würde automatisch die Kompaßrichtungen korrekt wiedergeben und somit eine Mercator-Karte sein müssen; aber dann könnte sie keinen festen

Maßstab haben, weil der Maßstab auf der Mercator-Karte auf verschiedenen Horizontalen unterschiedlich ist. Der Grund, weshalb man bei einer Stadt- oder Landkarte von einem festen Maßstab und einer festen Nordrichtung *ausgehen* darf, ist der, daß die Maßstabsvariation auf einer Mercatorprojektion für ein verhältnismäßig kleines Gebiet (zumindest abseits der Pole) vernachlässigbar klein ist.

Nachdem sich ein fester Maßstab auf der Karte und eine feste Nordrichtung gegenseitig ausschließen, könnte man fragen, ob eine Weltkarte mit einem festen Maßstab möglich ist, indem man zuläßt, daß die nördliche Richtung von Punkt zu Punkt variiert, wie es bei den üblichen Darstellungen der Erde in Hemisphären der Fall ist. Anders ausgedrückt: Gibt es eine Karte ohne Verzerrungen? Jahrhundertelange Bemühungen führten zwar zu geistreichen Teillösungen des Problems, die Kartographen wurden aber immer wieder frustriert. Es war, als hätte man es mit einer unansehnlichen Zahnpastatube zu tun – ein Drücken an der einen Stelle hatte immer ein Ausbauchen an einer anderen Stelle zur Folge. Das Problem wurde endlich in der Mitte des 18. Jahrhunderts durch Leonhard Euler (Bild 2.8), den führenden Mathematiker der Zeit, gelöst.

Eulers mathematische Interessen reichten von rein theoretischen Untersuchungen bis zu höchst praktischen Anwendungen. Nachdem ihn die Schwierigkeiten der Kartenhersteller neugierig gemacht hatten, bewies er schlüssig, daß ihr Vorhaben in der Tat nicht zu verwirklichen ist. Es gibt keine Karte irgendeines Teils der Erdoberfläche, die – auf einem ebenen Blatt Papier – einen festen Maßstab hat. Tatsächlich ist jede Karte ein Kompromiß*.

Eulers Theorem beinhaltet, daß es nie eine perfekte Karte geben kann. Die Herausforderung für die Kartographen besteht darin, sich neue Kartenentwürfe auszudenken, die die Gesamtverzerrung minimieren oder für einen bestimmten Zweck ausgelegt sind. Sie reagierten mit buchstäblich Hunderten von Karten, von denen einige Dutzend im allgemeinen Gebrauch* sind (Bild 2.9). Als zum Beispiel im 20. Jahrhundert Ozeanüberquerungen allmählich durch den Luftverkehr abgelöst wurden, wurden Karten „nautischen Typs“ weniger wichtig. Seltsamerweise wurde eine Karte, die für die Luftfahrt viel nützlicher ist, lange vor

Bild 2.8 Emanuel Handmann, *Portrait von Leonhard Euler*, 1756 (Universität Basel, Museum der Naturwissenschaft)

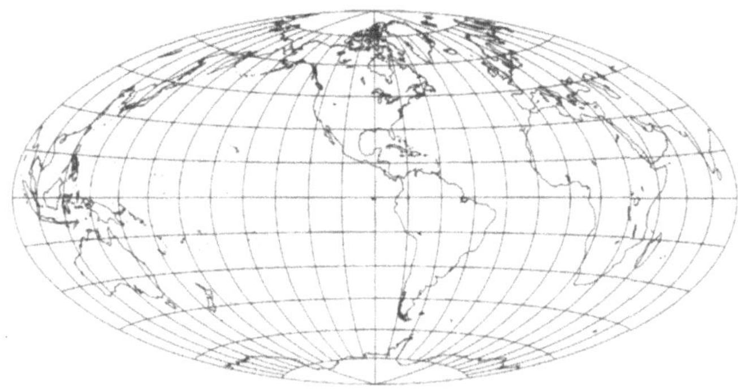

Bild 2.9 Eine Hammer-Projektion. Einer von vielen Versuchen der Kartographen, neue und bessere Darstellungen der Erdoberfläche zu finden. Diese stammt von 1892 und wurde häufig verwendet.

der Mercator-Karte erfunden. Sie wurde von al-Biruni um das Jahr 1000 eingeführt und wird von den Kartographen eine *azimutale, äquidistante Projektion** und von den Mathematikern eine *Exponentialabbildung* genannt. Ein besserer Name wäre *egozentrische Karte* (Bild 2.10). Wenn man seine Heimatstadt oder einen anderen Ort der Wahl als Bezugspunkt wählt, kann man eine solche Karte mit diesem Punkt in der Mitte und dem Rest der Welt darum herum zeichnen (Bild 2.11). Die Entfernungen vom Mittelpunkt zu jedem anderen Punkt auf der Erde sind maßstäblich eingezeichnet, und die Richtungen um den zentralen Punkt sind korrekt wiedergegeben. Diese beiden Eigenschaften definieren zusammen mit dem Maßstab die Karte. Die Haupteigenschaften einer solchen Karte bestehen darin, daß sie die Region um den Mittelpunkt ganz akkurat darstellt und eine schnelle Bestimmung der Entfernung aller Punkte der Erde vom Ort im Zentrum erlaubt: Man hat nur die Entfernung auf der Karte zu bestimmen und mit dem Maßstabsfaktor zu multiplizieren. Ferner zeigt die Gerade, die das Zentrum mit irgendeinem anderen Punkt verbindet, unmittelbar, welche Städte, Länder und andere Landmarken man beim Direktflug überfliegt.

Nach dem Eulerschen Theorem müssen diese attraktiven Eigenschaften einer egozentrischen Karte mit Verzerrungen in anderen Gegenden des Globus erkauft werden. Und tatsächlich ist die Karte um so verzerrter, je weiter sich der Blick vom Zentrum entfernt. Der Grund: Jeder Kreis um das Zentrum der Karte entspricht einem Kreis von Punkten, die auf auf dem Erdball eine gegebene Entfernung vom Zentralort haben. Strebt diese Entfernung nun gegen den halben Erdumfang, wird der Kreis auf der Karte größer, da er vom Mittelpunkt weiter entfernt ist, der entsprechende Kreis auf dem Erdball schrumpft hingegen auf den Antipodenpunkt zusammen. Am Antipodenpunkt ist die Verzerrung extrem: Er wird nicht durch einen einzelnen Punkt auf der Karte repräsentiert, sondern ist zu einem ganzen Kreis – dem äußeren Randkreis der Karte – ausgezogen. Wenn man in einem beliebigen Punkt der Erde startet und dann immer seine Richtung beibehält, kommt man tatsächlich immer zu dessen Antipodenpunkt. Die Reisestrecke ist immer gerade die Hälfte einer Vollumrundung.

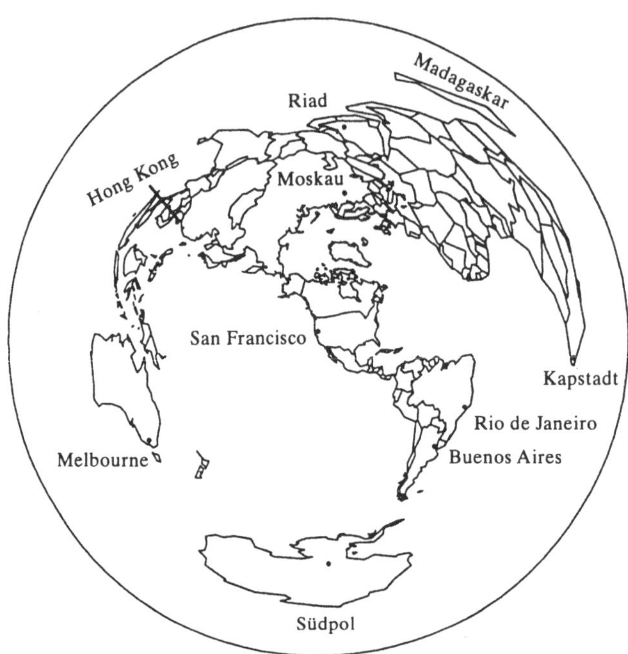

Bild 2.10 Eine egozentrische Karte für San Francisco. Die Karte zeigt auf einen Blick, daß der direkte Weg nach Riad in Saudi-Arabien direkt über Moskau und Bagdad führt. (Sie zeigt auch, daß Rio de Janeiro von San Francisco weiter entfernt ist als Buenos Aires und nur etwas näher als Hongkong liegt.) Da der Antipodenpunkt zu San Francisco im Indischen Ozean vor der Küste Madagaskars liegt, entspricht der ganze äußere Ring der Karte einem kleinen Stück Indischen Ozean um den Antipodenpunkt, und Madagaskar ist auf der Karte etwa auf die Länge Nordamerikas gedehnt.

Al-Biruni hätte sich kaum träumen lassen, daß sich seine neue Weltkarte eines Tages – viele Jahrhunderte später – als so nützlich für die zukünftige Luftfahrt erweisen würde. Noch weniger hätte er vorhersehen können, daß seine Karte einmal einen besonders geeigneten Weg zur Anschauung und zum Verständnis des ganzen Universums eröffnen würde. Der beste Weg zu diesem Verständnis ist allerdings nicht der direkte, und wir müssen auf unserer Reise noch viele Umwege zur Erforschung des Schlüsselbegriffs „Krümmung“ machen, ehe wir zum Ziel gelangen.

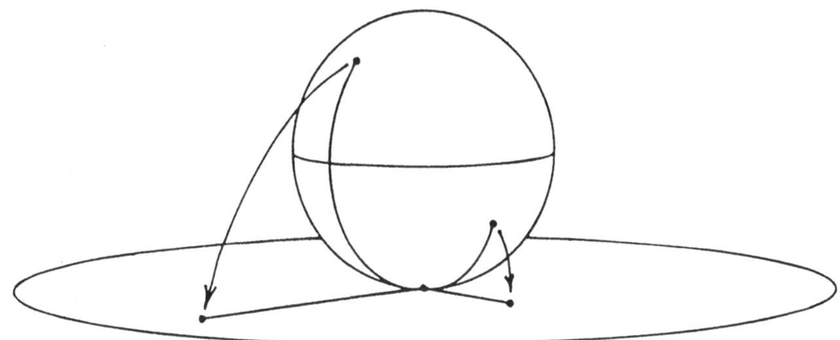

Bild 2.11 Anleitung zur Konstruktion einer egozentrischen Karte für Ihre Heimatstadt: Stellen Sie einen Erdglobus so auf ein großes Blatt Papier, daß die Stelle Ihres Wohnorts auf dem Globus das Papier berührt. Um zu jeder Stelle der Erde den entsprechenden Punkt auf der Karte zu finden, spannen Sie zunächst auf der Oberfläche des Globus einen Faden von der Kontaktstelle Globus/Papier (Ihrem Wohnort) bis zur gewünschten Stelle auf dem Globus; dann spannen Sie den Faden längs der Geraden auf dem Papier, die unmittelbar unter dem vorherigen Bogen liegt.

Kapitel 3
Die wirkliche Welt

EIN ELEGANT GEFÜHRTER BEWEIS IST EIN GEDICHT IN ALLEM, NUR NICHT IN DER FORM, IN DER ER VERFASST IST.

—Morris Kline,
Autor von *Mathematics in Western Culture*

Carl Friedrich Gauß (Bild 3.1) und Ludwig van Beethoven* hatten parallele Lebensläufe. Weniger als sieben Jahre nacheinander und weniger als 200 Kilometer voneinander entfernt geboren, sollten sie den Gipfel ihres jeweiligen Berufsstandes, der Mathematik bzw. der Musik, versinnbildlichen. Vermutlich trafen sie, getreu der Natur von Parallelen, nie aufeinander. Für ihre Zeitgenossen und die nachfolgenden Generationen umgab sie eine fast übermenschliche Aura. Zu Lebzeiten erwarb sich Gauß den halboffiziellen Titel des *princeps mathematicorum**, „des ersten unter den Mathematikern".

Gauß' einzigartige Leistungen waren keineswegs auf die Mathematik beschränkt. Er mag durchaus der letzte der großen All-round-Wissenschaftler gewesen sein; in der Tradition von Newton leistete er vertiefte Beiträge sowohl im ganzen Spektrum der reinen und angewandten Mathematik als auch in der Physik und Astronomie.

Auf dem Gebiet der Physik widmete sich Gauß viele Jahre der Elektrizität und dem Magnetismus. Neben einer Reihe theoretischer Beiträge führte er ausgedehnte Experimente zur Bestimmung der Stärke des erdmagnetischen Feldes durch. Dazu entwickelte er einen absoluten Maßstab zur Messung von Magnetfeldern. Deshalb wird die Standardeinheit

Bild 3.1
Carl Friedrich Gauß im Alter von etwa dreißig Jahren (Universitäts-Sternwarte Göttingen)

des magnetischen Feldes „Gauß“[1] genannt. Als praktische Anwendung von Elektrizität und Magnetismus erfanden Gauß und sein Mitarbeiter Wilhelm Weber einen Telegraphen (Bild 3.2), den sie in den 1830ern zur Kommunikation zwischen dem Observatorium und dem Laboratorium in Göttingen, die etwa eine Meile auseinanderlagen, verwendeten. (Samuel Morse erhielt 1840 sein Patent auf den Telegraphen*.)

Die Astronomie war das Arbeitsgebiet, auf dem Gauß zuerst weltweite Anerkennung erlangte. Ceres, der erstentdeckte Asteroid, wurde in der Nacht des 1. Januar 1801 von dem italienischen Astronomen Giuseppe Piazzi ausgemacht. Dieser verfolgte dann das nächtliche Vorrücken des Asteroiden bis in den frühen Februar hinein, als der auf seinem Weg um die Sonne verschwand. Der damals 24-jährige Gauß war einer der Wissenschaftler, die die von Piazzi angegebenen Daten verwendeten, um vorauszuberechnen, wo Ceres gegen Ende des Jahres wahrscheinlich wieder erscheinen würde. Seine Voraussage stellte sich als bemerkenswert genau heraus und führte zu den ersten Sichtungen von Ceres, als sie wieder sichtbar war. Dazu hatte Gauß neue Methoden

[1] Anm. d. Übers.: Im alten cgs-System ist das Gauß die Einheit der magnetischen Induktion B, im erdmagnetischen Schrifttum die Einheit der magnetischen Feldstärke H.

Bild 3.2 Gauß-Weber-Telegraph und Beobachtungsfernrohr (Historische Sammlung des I. Physikalischen Instituts der Universität Göttingen)

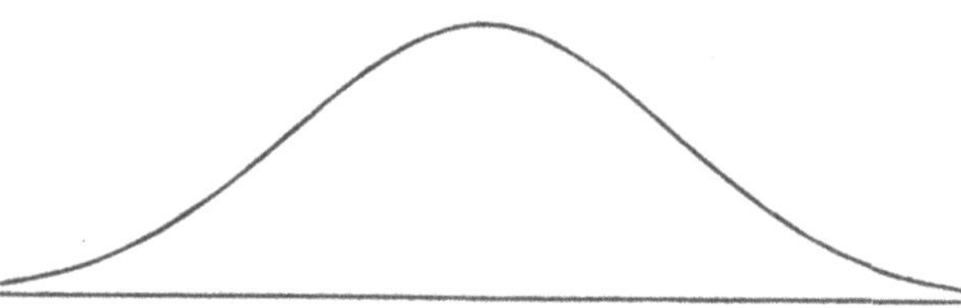

Bild 3.3 Eine „Glockenkurve" oder „Gaußverteilung" – allenthalben in der Wahrscheinlichkeitslehre und Statistik anzutreffen

der Wahrscheinlichkeitstheorie und Statistik entwickelt, darunter eine Untersuchung der berühmten Glockenkurve (Bild 3.3) – heute als die „Fehlerkurve"* oder „Gaußverteilung" bekannt –, die eine zentrale Rolle in der Analyse von Daten aller Art spielt.

Nach seinem ersten Ausflug in die Astronomie vertiefte sich Gauß immer mehr in diese Disziplin. Er war nicht nur an den theoretischen Fragen dieses Gebiets interessiert, sondern auch an der Durchführung von Beobachtungen und dem Entwurf von Fernrohren. Sein zunehmender Ruf als Astronom führte zu dem Angebot an den 29-jährigen Gauß, dem Göttinger Observatorium vorzustehen. Er nahm an und zog 1807 nach Göttingen, wo er für den Rest seines Lebens bleiben sollte.

Gauß brachte einen beträchtlichen Teil seiner mittleren Jahre mit einer Untersuchung zu, die viel weniger aufsehenerregend war als die astronomische Forschung seiner frühen Jahre oder seine späteren Untersuchungen des Magnetismus; nichtsdestoweniger sollte Gauß' Teilnahme an dieser Studie noch weiterreichende Konsequenzen haben. 1818 stimmte Gauß seiner Ernennung zum Leiter eines Großprojekts zur vollständigen Landvermessung des Königreichs Hannover zu. In gewohnter Manier machte sich Gauß mit derselben Energie an die praktischen und theoretischen Aspekte des Vorhabens. Er ging ins Gelände hinaus, um persönlich die Vermessungsarbeiten zu leiten und daran teilzunehmen, und er zog sich in sein Arbeitszimmer zurück, um neue Methoden auszudenken, die Daten zu handhaben und zu interpretieren.

Was Gauß zu einer in der Welt der Naturwissenschaft und Mathematik wirklich einzigartigen Gestalt macht, die selbst noch Talente wie Euler überragt, war seine Fähigkeit, unter die Oberfläche eines Gegenstandes zu dringen, um die tieferliegenden Hintergründe der Phänomene aufzudecken.

Gauß in Reinkultur erleben wir in einer bei den Mathematikern beliebten Geschichte aus seiner Kindheit; Gauß selbst erzählte sie gerne in seinen späteren Jahren. Sie beschreibt einen Triumph in der Grundschule, als sein Lehrer der Klasse auftrug, alle Zahlen von 1 bis 100* zusammenzuzählen. Gauß schrieb die Antwort 5 050 einfach nieder und blieb geduldig sitzen, während seine Klassenkameraden eifrig rechneten. Gauß hatte bemerkt, daß immer 101 herauskommt, wenn man die erste und letzte Zahl, die zweite und die vorletzte usw. jeweils zu einem Paar zusammenfaßt und die beiden Zahlen addiert (Bild 3.4). Die Zahlen von 1 bis 100 bilden gerade 50 solche Paare, und so beträgt die Gesamtsumme 50mal 101 oder 5 050.

Was ist der Reiz dieser Geschichte? Zum großen Teil der Sieg des Einfallsreichtums über die Plackerei (besonders eine vom Lehrer auferlegte). Sie versinnbildlicht zudem, was die Mathematiker als eine „ele-

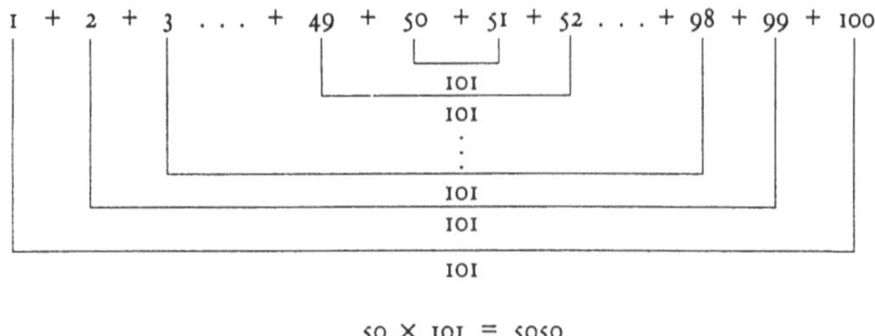

Bild 3.4 Paarbildung bei den Zahlen von 1 bis 100

gante" Lösung eines Problems bezeichnen. Sie illustriert schlagend, daß es in der Mathematik, wie auch sonst, weniger darauf ankommt, überhaupt die Antwort zu finden, sondern darauf, auf welchem Wege man sie findet. (Mit den Worten eines alten Lieds: „Es ist nicht, was du tust, sondern wie du es tust, was zum Erfolg führt.") Wenn Sherlock Holmes einen rätselhaften Fall löst, schlägt uns nicht die Tatsache, *daß* er ihn löst, sondern *wie* er ihn löst, in Bann. Dasselbe trifft auf die Mathematik zu. Jeder kann die Zahlen von 1 bis 100 addieren und die Antwort erhalten; Gauß erhielt die Lösung, *ohne* zu addieren.

Darüber hinaus enthüllt diese Geschichte, wie ein tieferes Verständnis eines Problems nicht nur schneller zu einer Lösung führen kann, sondern auch zu erklären vermag, weshalb das Ergebnis gerade die und nicht eine andere Form annimmt. Das Aufsummieren der Zahlen mag den richtigen Wert 5 050 liefern, gibt aber zum Beispiel keinen Hinweis, weshalb das Ergebnis mit einer Null endet. Die Begründung – die Summe der Zahlen von 1 bis 100 ist einem Produkt gleich: die halbe Anzahl der Summanden (die 50 Paare) mal die Summe des ersten und letzten Summanden – gewährt viel mehr Einsicht in dieses bestimmte Problem und ist gleichfalls auf eine ganze Klasse allgemeinerer Probleme* mit einem ähnlichen Muster anwendbar. (Zum Beispiel muß die Summe von irgendwelchen zwanzig aufeinanderfolgenden Zahlen mit einer Null enden, weil sie sich zu 10 Paaren gruppieren lassen, von denen jedes Paar bei der Addition denselben festen Wert ergibt.)

Eine Landvermessung im großen Maßstab, wie sie Gauß leitete, hat einige Aspekte mit der Ausführung einer langen Reihe von Additionen gemein: Sie ist eine relativ klar definierte, langweilige, zeitraubende und zu Fehlern neigende Tätigkeit. Sie ähnelt eher der Aufsummierung einer Menge von Zufallszahlen als der Addition einer geordneten Folge von Zahlen, insofern keine Abkürzungen bereitstehen, um die Arbeit zu reduzieren. Dennoch nutzte Gauß eine scheinbar stupide Aufgabe als Sprungbrett zu einer Reihe von Gedanken, die tiefgreifende Folgen haben sollten.

Um die Idee von Gauß zu verstehen, lohnt es sich, die *Geodäsie* – das der Landvermessung großer Gebiete zugrundeliegende Fachgebiet – etwas detaillierter zu untersuchen. Das Standardverfahren bei der Landvermessung wird in der Geodäsie „Triangulation" und in der Mathematik „Triangulierung" genannt (Bild 3.5). Eine Anzahl von Landmarken wird ausgewählt, und die Entfernungen zwischen verschiedenen Paaren von Landmarken werden sorgfältig ausgemessen. Auf diese Weise wird das Gebiet mit einem Netzwerk von Dreiecken bedeckt, deren Seiten und Winkel so genau wie möglich bestimmt worden sind. Aus diesen Informationen kann man auf andere Messungen schließen, z. B. auf die Strecke der „Vogelfluglinie" zwischen zwei entfernten Landmarken. Die Art, wie diese Dreiecke zusammenpassen, hängt jedoch von der Größe und Gestalt der Erde ab. Wäre die Erde flach, würden die Standardformeln der euklidischen Geometrie gelten. Wäre die Erde eine perfekte Kugel, könnte man die sphärische Geometrie – die Geometrie der Figuren auf einer Kugeloberfläche – nutzen. In Wirklichkeit ist die Erde aber weder flach noch vollkommen kugelförmig. Zusätzlich zu den Unebenheiten durch Berge und Täler gibt es eine noch größere Abweichung von der Kugelgestalt durch die Erdrotation. Tatsächlich schloß Isaac Newton auf eine leicht ellipsoidförmige Gestalt der Erde, die am Äquator ausgebaucht und an den Polen abgeplattet ist. Mit Hilfe derselben Gleichungen – der „Newtonschen Gesetze" –, aus denen er die Bewegungen der Planeten abgeleitet hatte, konnte Newton den Grad der Ausbauchung am Äquator* berechnen. (Spätere Landvermessungen bestätigten die Newtonschen Voraussagen; nach ihnen beträgt der Erdumfang am Äquator 24 902 Meilen und nur 24 860 Meilen, wenn man über die Pole geht.)

Ein Effekt der Ellipsoidform der Erde besteht in einer Verzerrung der Ergebnisse von Messungen der Erdgröße, wie sie Eratosthenes ange-

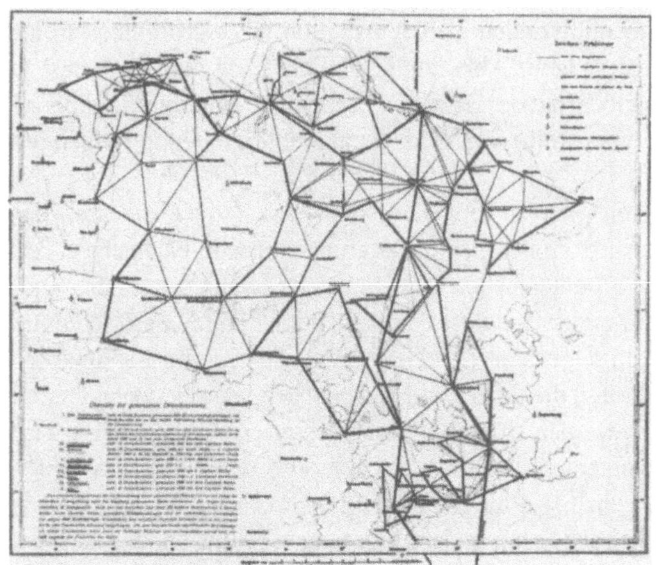

Bild 3.5 Die Triangulation eines Gebietes, das sich von Göttingen im Süden bis Hamburg im Norden und ungefähr über dieselbe Ost-West-Distanz erstreckt. Dies war die von Gauß in den Jahren 1821 bis 1838 durchgeführte Landvermessung.

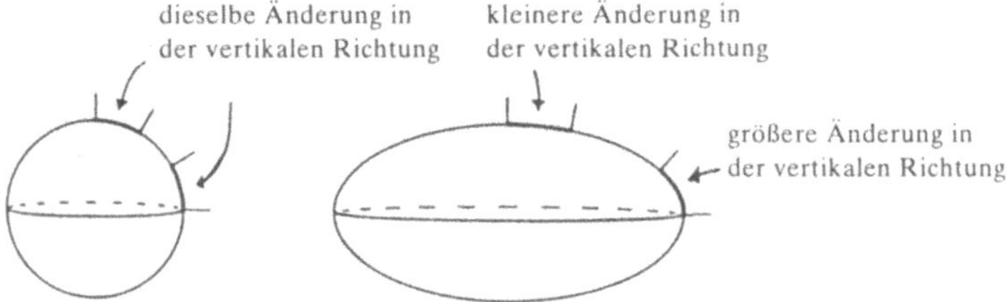

Bild 3.6 Wie sich die Ellipsoidform der Erde auf geographische und astronomische Messungen auswirkt. Auf einer kugelförmigen Erde ändert sich die vertikale Richtung um einen festen Betrag, wenn man eine feste Distanz Richtung Norden zurücklegt – egal, wo man startet. Auf einer elliptischen Erde ändert sich die vertikale Richtung in dem abgeplatteten Teil in Polnähe weniger als in dem gekrümmteren Bereich in Äquatornähe. (Der Grad der Abplattung ist in der Figur größer als bei der Erde, aber das Prinzip ist dasselbe.

stellt hat. Bei einem elliptischen Querschnitt ändert sich die Zenitrichtung nicht gleichförmig (Bild 3.6). Wenn man beispielsweise 500 Meilen nach Norden reist und den Unterschied in der Höhe des Polarsterns mißt, hängt das Ergebnis davon ab, wo sich der Ausgangspunkt befindet; in Äquatornähe wäre die Änderung größer und in Polnähe kleiner. Tatsächlich können sorgfältige Beobachtungen und Messungen dieses Typs zur Bestimmung der Erdgestalt verwendet werden. Wiederum ist eine Kenntnis der Gesamtgestalt der Erde unabdingbar, will man die bei der Landvermessung gewonnenen Daten richtig interpretieren. Einer von Gauß' Beiträgen zur Geodäsie bestand in der Perfektionierung der mathematischen Werkzeuge für diesen Zweck. Aber die tiefsten Einsichten gewann Gauß durch Betrachtung des umgekehrten Problems: Nicht wie beeinflußt die Erdgestalt die Endergebnisse der Landvermessung, sondern wie kann eine Landvermessung zur Bestimmung der Erdgestalt herangezogen werden? Nehmen wir einmal an, das Weltklima sei etwas anders, so daß wir – wie auf der Venus – eine beständige Wolkendecke hätten. Wir könnten dann nicht die Sonne und die Sterne als Hilfen bei der Bestimmung der Erdform in Anspruch nehmen. Könnten wir dann allein durch geodätische Messungen an der Erdoberfläche bestimmen, ob die Erde rund oder flach, sphärisch oder ellipsoidförmig ist?

Die Antwort von Gauß lautete „ja". Obgleich wir die Gestalt nicht völlig bestimmen können, gibt es überraschend viel, was wir ableiten können. Zum Beispiel können wir allein aufgrund solcher Messungen an der Oberfläche leicht bestätigen, daß die Erde nicht flach sein kann und daß sie eher ellipsoidförmig als sphärisch ist.

Um das einzusehen, stellen Sie sich das Anlegen einer großen Obstplantage vor. Wir könnten mit einem langen Seil beginnen, das in gleichen Abständen Knoten aufweist, wobei die Intervalle den idealen Baumabstand angeben. Wir könnten das Seil am Boden auslegen und straff spannen, damit es möglichst gerade wird, und dann an jedem Knoten einen Baum pflanzen. Wenn wir die Baumreihe über die ursprüngliche Länge des Seils hinaus verlängern wollten, könnten wir das Seil längs seiner ursprünglichen Strecke um ein paar Knoten versetzen und so beliebig viele Bäume einsetzen, die alle auf derselben Geraden liegen und denselben Abstand in der Reihe haben. Der nächste Schritt bestünde im

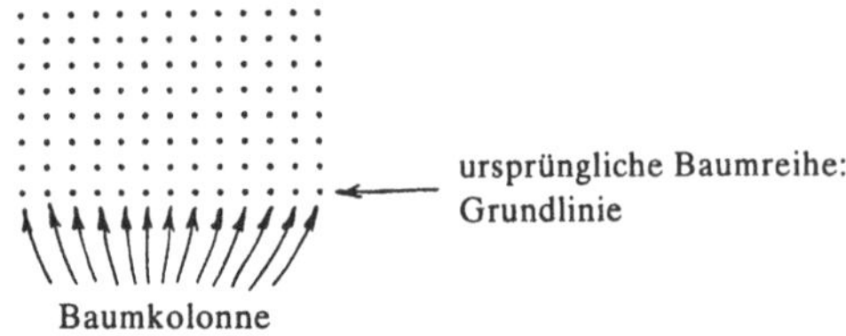

Bild 3.7 Eine „Obstplantage" in einer Ebene

Pflanzen von Baumkolonnen. Indem wir jeweils mit den Bäumen unserer ersten Reihe beginnen, könnten wir das Seil in der zur ursprünglichen Baumreihe senkrechten Richtung spannen und wieder an jedem Knoten einen Baum plazieren. Wenn wir eine Skizze anfertigen, in der die Bäume der ursprünglichen Reihe auf einer horizontalen Geraden liegen und die senkrechten Kolonnen vertikale Geraden bilden, bekommen wir eine ganze Serie horizontaler Reihen zu Gesicht, die anscheinend alle zur ursprünglichen Reihe parallel sind (s. Bild 3.7). (Wer an einer Obstplantage vorbeispaziert oder -gefahren ist, dem werden vermutlich die vielen verschiedenen diagonalen Baumreihen aufgefallen sein, die so aussehen, als seien sie ebenfalls in Geraden angeordnet worden.) Wäre die Erde wirklich flach, würde die euklidische Geometrie der Ebene vollkommen zutreffen: Die horizontalen Baumreihen würden nicht nur auf zur Grundlinie parallelen Geraden liegen, sondern die Bäume dieser Reihen hätten wiederum gleiche Abstände voneinander, und zwar würden die Abstände mit denen in der ursprünglichen Baumreihe *übereinstimmen.* Weil relativ kleine Teile der Erdoberfläche ziemlich flach *sind* – die Tatsache, die zunächst einmal zur euklidischen Geometrie geführt hat –, *stimmen* die Abstände in den horizontalen Reihen sehr gut mit denen in der Grundlinie *überein.* Das hat die praktische Folge, daß die Bauern Maschinen verwenden können, die für den Einsatz zwischen den Baumkolonnen speziell konstruiert sind und in deren Konstruktion die Voraussetzung eingeht, daß die lichte Weite zwischen den Kolonnen überall dieselbe ist.

Aber stellen Sie sich eine Plantage vor, die so groß ist, daß die Abweichung von der Flachheit leicht zu erkennen ist (Bild 3.8). Nehmen Sie an, unsere ursprüngliche Baumreihe verliefe auf dem Äquator und

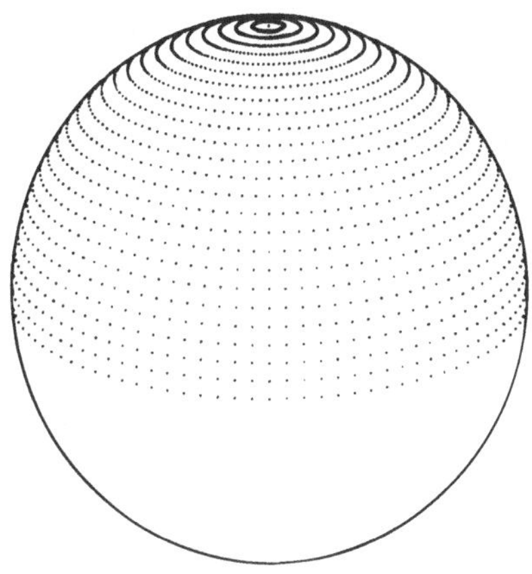

Bild 3.8
Eine „Obstplantage“ auf einer Kugel: positive Krümmung

wir hätten eine wirklich große Plantage, die sich in Ost-West-Richtung um mehrere Längengrade* erstrecke. Dann wären die vertikalen Baumkolonnen entlang Meridianen im selben Abstand gepflanzt. Die resultierenden horizontalen Baumreihen würden bei einer Reise in den Norden anfangs dieselben Intervalle wie in der ursprünglichen Reihe am Äquator aufweisen. Doch wenn die Plantage genügend groß wäre, hätte das Zusammenlaufen der Längenkreise an den Polen einen meßbaren Effekt auf die Abstände zwischen den Bäumen.

Um Formeln für die Änderung der Abstände der Längenkreise bei der Fahrt vom Äquator zu den Polen – oder, um im Bild der größeren Obstplantage zu bleiben, Formeln für die bei zunehmender Entfernung vom Äquator eintretende Änderung des Baumabstands in den horizontalen Reihen – zu gewinnen, hatten die Geographen die ebene euklidische Geometrie durch einen neueren, fortgeschritteneren Zweig der Mathematik zu ersetzen: die *sphärische Geometrie.* Aber wieder einmal waren die neuen Formeln nur bis zu einem gewissen Grade genau, da die Erde nicht eine glatte Kugel ist, sondern ein Ellipsoid mit Unebenheiten. Der Beitrag von Gauß war ein Satz von Formeln, die auf *jeder* Oberfläche überhaupt zu verwenden sind, sei sie nun eine Ebene, eine Kugel, ein Ellipsoid oder eine ganz allgemeine Fläche. In unserem Beispiel der großen Plantage würden diese Formeln das Abstandsverhalten der Bäume in aufeinanderfolgenden Reihen mit einer Größe verbinden,

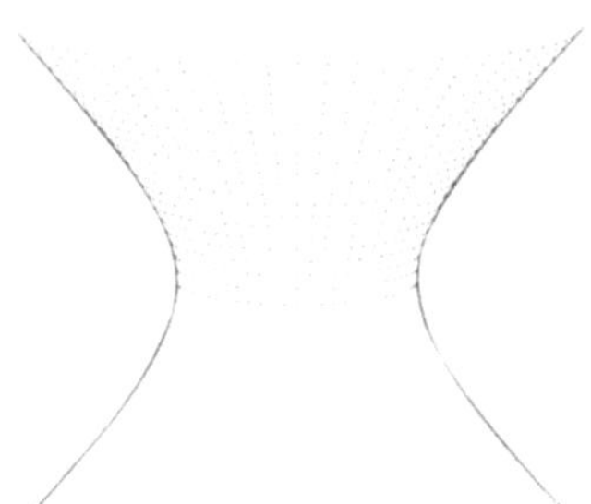

Bild 3.9
Eine „Obstplantage“ auf einem Hyperboloid: negative Krümmung

die heute als *Gaußsche Krümmung** oder einfach *Krümmung* bekannt ist und die jedem Punkt des bepflanzten oder vermessenen Bereichs zugeordnet ist. Daß die Bäume in aufeinanderfolgenden Reihen zunehmend zusammengedrängt werden, während die Entfernung von der Grundlinie – dem Äquator im Beispiel oben – anwächst, folgt direkt aus der Tatsache, daß die Krümmung in jedem Punkt der Erdoberfläche eine positive Zahl ist. Und je größer die Krümmung ist, desto schneller geraten die Bäume nach einer expliziten Formel von Gauß zusammen.

Die Gaußsche Formel läßt sich auch im Falle negativer Krümmung anwenden, wenn der Abstand zwischen den Bäumen mit der Entfernung von der Grundlinie *anwachsen* würde. Das wäre der Fall, wenn wir einen Asteroiden mit einer Stundenglasform kolonisieren würden und unsere Pflanzung längs *seines* Äquators plazieren würden (Bild 3.9). Wiederum würde der Abstand desto stärker anwachsen, je negativer die Krümmung wäre. Nur im Falle einer verschwindenden Krümmung, wie auf einer flachen Ebene, bliebe der Baumabstand erhalten.

Die Gaußsche Krümmung spielte nicht nur bei der Untersuchung einer Fläche, sondern auch bei späteren Versuchen, das Universum zu verstehen und bildlich darzustellen, eine so fruchtbare Rolle, daß sich eine eingehendere Betrachtung aus verschiedenen Blickwinkeln lohnt.

Es gibt einen Aspekt der Gaußschen Krümmung, der bei der ersten Vorstellung beständig Verwirrung verursacht. Eine Fläche wie ein Zylinder erscheint sicherlich gekrümmt, dennoch ist seine Krümmung (im Gaußschen Sinn) *Null*. Der Grund ist, daß wir, solange wir nur Messungen *auf der Oberfläche* vornehmen, keine Möglichkeit haben, ein Stück Zylinder von einem Stück Ebene zu unterscheiden; man kann ein

Bild 3.10
Eine „Obstplantage“ auf einem Zylinder: Krümmung Null

ebenes Rechteck einfach zu einem Zylinder aufrollen, ohne Dehnungen oder Verzerrungen hervorzurufen. Keine Vermessung der Oberfläche würde den Unterschied enthüllen (es sei denn wir gingen soweit um den Zylinder herum, daß wir wieder zum Ausgangspunkt kommen). Im Rahmen unseres Plantagen-Modells heißt das: Wenn wir entlang eines Umfangs pflanzen und dann aufeinanderfolgende Reihen anlegen würden (Bild 3.10), blieben die Abstände gleich – das ist das Kennzeichen für verschwindende Krümmung.

Wir wollen uns das tatsächliche Meßverfahren bei einer Landvermessung näher anschauen. Wesentlich dabei ist ein Begriff, der im Volksmund als Vogelflugstrecke bezeichnet wird. Wie fliegt ein Vogel? Der „Vogel“ in diesem Ausdruck macht weder einen Schwenk nach rechts noch nach links, sondern folgt einem Pfad, der immer „geradeaus“ verläuft. Jeder solche Pfad auf einer Fläche – die Vogelfluglinie oder „Geradeaus-Bahn“ – wird eine *Geodäte** (oder Geodätische) genannt. In der Ebene sind die Geodäten Geraden; auf einer Kugeloberfläche sind sie Großkreise, wie der Äquator und die Meridiane. Wenn wir vor der Pflanzung der ersten Baumreihe in der Plantage unser Seil möglichst straff spannten, geschah das, um eine Geodäte auf der Fläche zu erzeugen. So wie die Gerade die kürzeste Verbindung zwischen zwei Punkten herstellt oder die kürzeste Route zwischen zwei Punkten auf einer Kugel die Großkreisroute ist, so ist allgemein der kürzeste Weg von einem

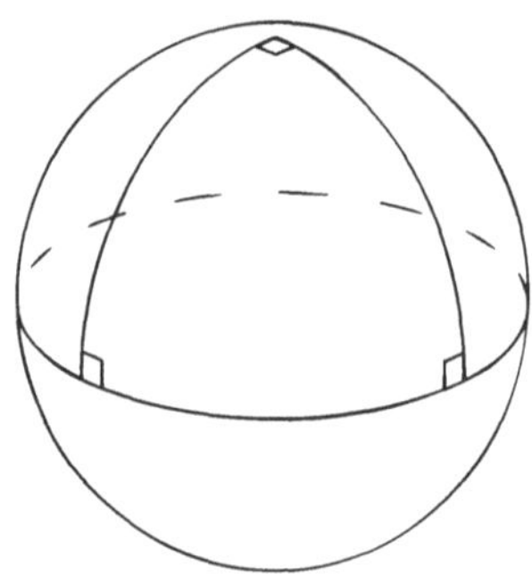

Bild 3.11
Ein sphärisches Dreieck mit drei rechten Winkeln

Punkt zu einem anderen auf irgendeiner Fläche eine Geodäte – die „Vogelfluglinie".

Als wir das Verfahren der Landvermessung als „Triangulation" beschrieben haben, haben wir die Bedeutung des Wortes „Dreieck" nicht explizit erklärt. Ein Standarddreieck in der Ebene besteht aus drei Punkten, den „Eckpunkten", und drei Seiten, jede ein Geradenstück, das ein Eckpunktepaar verbindet. Ein „Dreieck" auf der Oberfläche einer Kugel – auch ein „sphärisches Dreieck" genannt – besteht aus drei Eckpunkten, die paarweise durch Großkreisbögen verbunden sind. Auf einem Ellipsoid, wie es die Erdoberfläche darstellt, oder einer x-beliebigen Fläche versteht man unter einem „Dreieck" eine Figur, die aus drei Punkten – die wir wiederum „Eckpunkte" nennen – besteht, die durch Geodätenbögen, die „Seiten" des Dreiecks, verbunden sind. (Der formalere Name für eine solche Figur ist „geodätisches Dreieck".)

Eine Grundtatsache bei Dreiecken in der Ebene ist, daß die Summe der Winkel in den drei Ecken für alle Dreiecke 180° beträgt. Bei Dreiecken auf einer Kugel stellt sich die Winkelsumme stets als größer als 180° und als von der Größe des Dreiecks abhängig heraus. Für kleine Dreiecke ist die Winkelsumme nur geringfügig größer als 180°, aber es gibt *große* gleichseitige Dreiecke mit drei rechten Winkeln; ein Beispiel hat man, wenn man am Äquator einen Viertelkreis entlanggeht und dann den Ausgangs- und den Endpunkt durch Längenkreise mit dem Nordpol verbindet (Bild 3.11).

Nehmen wir einmal an, die Erde sei eine vollkommene Kugel und wir wollten ihre Größe ohne außerirdische Hilfen, wie die Sterne oder

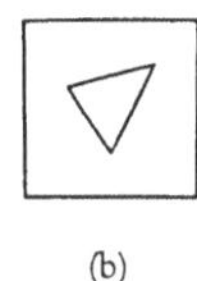

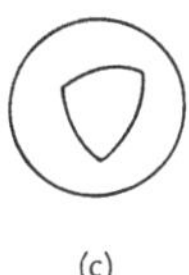

Bild 3.12 Dreiecke auf drei verschiedenen Oberflächen: (a) einer Fläche negativer Krümmung, (b) einer Fläche verschwindender Krümmung und (c) einer Fläche positiver Krümmung

die Sonne, bestimmen. Wie sich herausstellt, gibt es nur *eine* Größe für gleichseitige Dreicke mit drei rechten Winkeln, nämlich die, bei der jede Seite ein Viertel eines Großkreises darstellt. So ist der volle Umfang – die von Eratosthenes berechnete Größe – gerade das Vierfache einer Seitenlänge eines solchen Dreiecks. Dies ist eine theoretische Antwort auf die Frage, wie die Größe einer Sphäre nur mit Messungen an ihrer Oberfläche zu bestimmen ist. In der Praxis lassen sich viel kleinere Dreiecke und kompliziertere Formeln* heranziehen, um die Größe einer Kugel zu bestimmen. Gauß fand nun eine Formel für die Winkelsumme eines geodätischen Dreiecks auf einer beliebigen Fläche (Bild 3.12). Das Wesentliche an der Formel* ist, daß die Winkelsumme von zwei Dingen abhängt: der Größe des Dreiecks und dem Wert der Krümmung an jedem Punkt im Inneren des Dreiecks. Wenn die Gaußsche Krümmung – wie bei einem ebenen Dreieck – Null ist, beträgt die Winkelsumme, unabhängig von der Größe des Dreiecks, 180°. Eine positive Krümmung führt zu einer Summe über 180°, und eine negative Krümmung stellt sicher, daß die Winkelsumme weniger als 180° beträgt. Die Gaußsche Formel sagt nicht nur die Winkelsumme voraus, falls die Krümmung und die Ausmaße des Dreiecks bekannt sind, sondern gestattet dem Landvermesser nach sorgfältiger Messung der Winkel in einem geodätischen Dreieck, umgekehrt zu verfahren und die Krümmung und daraus den Grad der Elliptizität der Erdoberfläche abzuschätzen.

Gauß hat den Krümmungsbegriff, der heute seinen Namen trägt, nicht erfunden. Andere Mathematiker vor ihm hatten dieselbe Größe studiert. Die wichtige Entdeckung von Gauß – eine, die die Namensgebung voll rechtfertigt – war, daß diese Krümmung zu den Größen zählt, die durch eine Landvermessung, nur durch Messungen an der Oberfläche*, bestimmt werden kann.

Eine der vielen Konsequenzen der Gaußschen Arbeit war ein neuer Beweis des Eulerschen Theorems, daß eine genau maßstäbliche Karte irgendeines Teils der Erdoberfläche unmöglich ist. Nehmen wir an, es *gebe* eine solche Karte. Wenn wir dann die Erde im selben Maßstab verkleinern, müßten alle Messungen auf der geschrumpften Erde und auf der Karte genau dieselben Resultate liefern. Das bedeutet, alle aus solchen Messungen abgeleiteten Größen, darunter die Gaußsche Krümmung, wären in jedem Punkt der verkleinerten Erde gleich denen im entsprechenden Punkt der Karte. Aber die auf eine flache Ebene gezeichnete Karte hat eine verschwindende Gaußsche Krümmung, wohingegen die Erde – sei sie nun eine Kugel oder ein Ellipsoid – eine positive Gaußsche Krümmung aufweist. Folglich ist eine solche Karte unmöglich.

Der Gaußsche Zugang ging über den von Euler in vieler Hinsicht hinaus. Erstens enthüllte er die zugrundeliegende geometrische Bedeutung der Argumentation Eulers für eine Kugel; zweitens war er weit allgemeiner, so daß eine Anwendung auf die wirkliche – grob ellipsoidförmige – Erdoberfläche selbst möglich war; drittens entwickelte er einen neuen Krümmungsbegriff, der im Lauf der Zeit zunehmende Bedeutung erlangen sollte.

Die Gaußsche Charakterisierung der Krümmung mit Hilfe geodätischer Dreiecke ist seither von anderen ergänzt worden. Zwei französische Mathematiker, Joseph Bertrand und Victor Puiseux, gaben eine Darstellung, die auf den Grundbegriff eines Kreises zurückgeht. Was meint man, wenn man bei einer Kugel, einem Ellipsoid oder einer anderen Oberfläche von einem darauf liegenden „Kreis“* mit einem gegebenen Mittelpunkt und Radius spricht? In der Ebene ist ein Kreis die Menge aller Punkte in einer gegebenen Entfernung (dem Radius) von einem festen Punkt (dem Mittelpunkt). Genau diese Definition funktioniert auf einer beliebigen Fläche, wenn wir unter „Entfernung“ die Entfernung auf der „Vogelfluglinie“ – also auf der Geodäten – verstehen. Bei einer Kugel nehmen wir die kürzeste Entfernung entlang der Oberfläche, also die Großkreisdistanz. Wäre die Erde eine Kugel mit einem Umfang

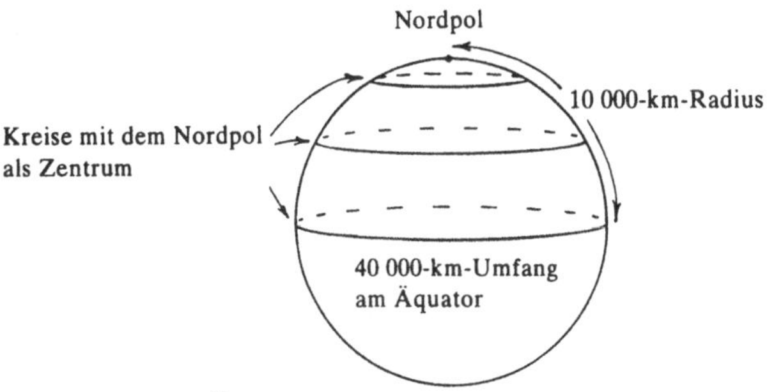

Bild 3.13 Der Äquator als ein Kreis auf der Erde, der im Nordpol seinen Mittelpunkt hat.

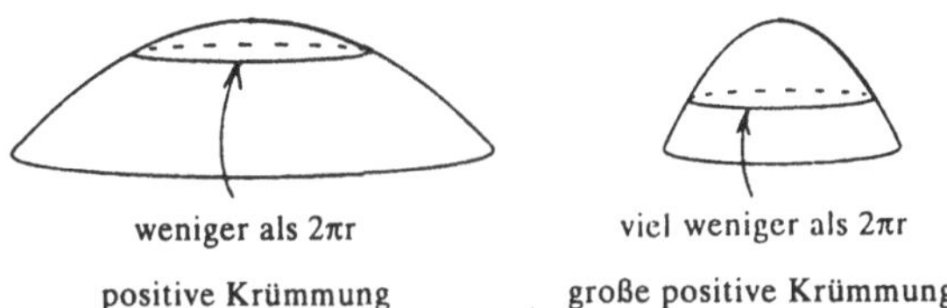

Bild 3.14 Die Längen von Kreisen auf einer Fläche positiver Krümmung

von 40 000 km (s. Bild 3.13), würde die Entfernung vom Pol zu einem beliebigen Punkt des Äquators genau 10 000 km betragen; somit wäre der Äquator genau der Kreis vom Radius 10 000 km mit dem Nordpol als Mittelpunkt. Der Umfang dieses „Kreises" – die Länge des Äquators – beträgt 40 000 km oder genau das Vierfache des Radius. Das ist viel weniger als in der Ebene, wo der Umfang eines Kreises mehr als das Sechsfache des Radius ($2\pi r$) ist. Tatsächlich hat jeder Kreis auf einer Kugel einen im Vergleich zum Kreis desselben Radius in der Ebene zu kleinen Umfang. (Dabei ist unter „Radius" auf der Kugel immer die „Vogelflugstrecke" zu verstehen.) Der *Fehlbetrag* bestimmt präzise die Krümmung der Kugel. Bertrand und Puiseux bemerkten, daß das auf jede Fläche zutrifft*. Der Umfang wird im Vergleich zu einem ebenen Kreis desselben Radius immer zu klein ausfallen, wenn die Krümmung der Fläche positiv ist; je größer die Krümmung, desto größer der Fehlbetrag (s. Bild 3.14). Ist der Umfang größer als bei einem ebenen Kreis desselben Radius, dann hat die Oberfläche eine *negative* Krümmung; je

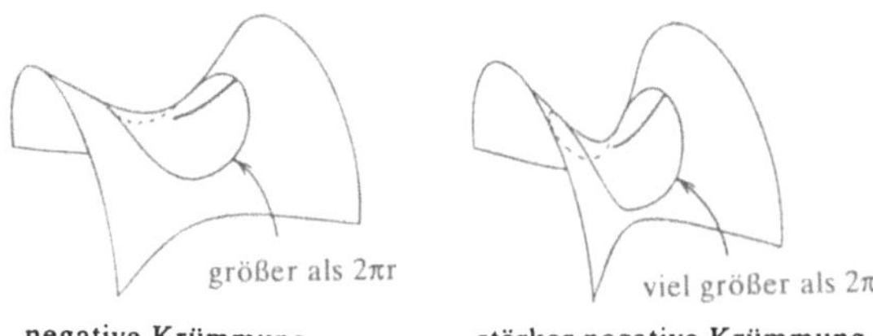

Bild 3.15 Die Längen von Kreisen auf einer Fläche negativer Krümmung

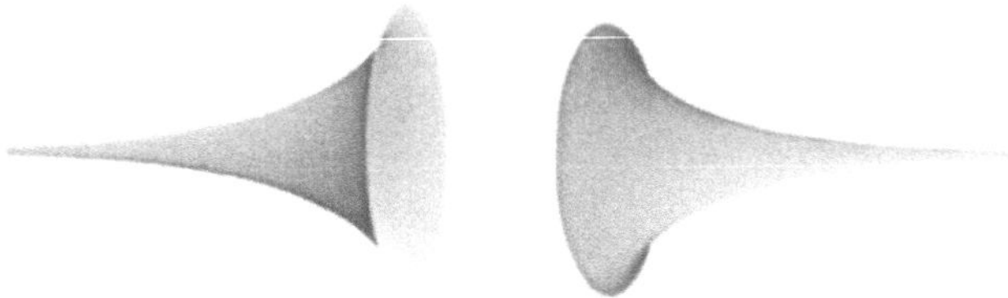

Bild 3.16 Zwei Ansichten der Pseudosphäre

größer das Verhältnis zwischen Umfang und Radius ist, desto negativer ist die Flächenkrümmung (s. Bild 3.15).

Ein berühmtes Beispiel einer Fläche negativer Krümmung ist die umgekrempelte Sphäre, die „Pseudosphäre". Sie sieht aus wie ein Trompetentrichter (Bild 3.16). Sie hat nicht nur eine negative Krümmung, sondern eine *konstante* negative Krümmung. Das mag überraschen, sehen doch verschiedene Teile ganz unterschiedlich aus. Doch es haben zwei Kreise mit demselben Radius immer denselben Umfang, egal wo sie eingezeichnet werden. Nach Bertrands Charakterisierung ist damit die Krümmung in allen Punkten der Fläche gleich. Daraus folgt, daß von jeder irgendwo auf die Pseudosphäre gezeichneten Figur eine exakte Karte ohne Verzerrung an jeder anderen Stelle der Pseudosphäre angefertigt werden könnte. Andererseits ist jeder Versuch einer genau maßstäblichen Karte dieser Figur auf einer Ebene wie im Fall einer normalen Sphäre zum Scheitern verurteilt. Wieder ist die Erklärung die fundamentale Einsicht von Gauß, daß eine genaue Karte dieselbe Krümmung voraussetzt.

Gauß stellte seine Ideen zur Geometrie in einem Artikel von 1827* dar. Das vorangegangene Jahr sah die Geburt eines Mathematikers, der die Gaußschen Ideen in ungeahnte Richtungen ausdehnen sollte. Doch bevor wir zu ihm kommen, müssen wir ein Ereignis im Jahre 1829 beschreiben, das sich als Wendepunkt in der Geometrie erweisen sollte und dessen Verzweigungen weit über den Horizont der Mathematik hinausreichen.

Kapitel 4
Imaginäre Welten

DEM RECHNER GLEICH, DER SEINE KRÄFTE SAMMELT,
UM EINEN KREIS ZU MESSEN, UND'S NICHT FINDET,
UND AUF DEN LEHRSATZ SINNT, DER NÖTIG WÄRE,
SO WOLLT ICH AN DEM NEUEN BILD BEGREIFEN,
WIE HIER ZUM KREIS DAS MENSCHENANGESICHT
SICH EINIGTE UND WO'S ZUSAMMENHÄNGT.
DOCH DAZU REICHTEN EIGNE FLÜGEL NICHT –

—Dante,
Göttliche Komödie[1]

Eines der in der Geschichte der Mathematik immer wiederkehrenden Themen ist die schrittweise Entwicklung eines neuen Konzepts – von seiner anfänglichen Ablehnung als zu abstrakt, über die widerwillige Annahme wegen seiner Nützlickeit, obgleich es als „unnatürlich" empfunden wird und der Intuition zuwiderläuft, bis zu seiner schließlichen Erhebung in den Stand eines grundlegenden und in den Anwendungen unverzichtbaren Werkzeugs. Ein solches Beispiel bildet der Begriff der „negativen Zahlen". Jahrhundertelang wurde dieser Ausdruck als ein Oxymoron, ein Widerspruch in sich selbst, eine numerische Absurdität angesehen: Die Zahlen zählen oder messen Dinge – es gibt keine Form mit einer negativen Fläche, keinen Kreis mit einem negativen Umfang, kein Buch mit einer negativen Zahl von Seiten. Buchstäblich über Hunderte von Jahren gab man sich große Mühe, Aufgaben mit Methoden

[1] Anm. d. Übers.: Übersetzung von Karl Vossler, 1941 (Paradies, 33. Gesang). „einen Kreis zu messen" spricht das Problem der Quadratur des Kreises an, „reichten eigne Flügel nicht" bedeutet ein Versagen der Imagination.

zu lösen, die den Gebrauch negativer Zahlen vermieden. Erst allmählich wurde klar, daß alle Anstrengungen bei ihrer Vermeidung vertan waren, denn negative Zahlen sind, wenn sie auch nicht in derselben Weise wie positive Zahlen zu deuten sind, genauso akzeptabel und keineswegs widersprüchlich.

Der Begriff der imaginären Zahl* – eine mit einer negativen Zahl als Quadrat – hatte ein ähnliches Schicksal mit anfänglicher Ablehnung und allmählicher Annahme. Das Problem war, daß die gewöhnlichen Rechenregeln besagen, daß das Produkt zweier positiver Zahlen positiv ist und das Produkt zweier negativer Zahlen ebenfalls. Daher liefert irgendeine Zahl, mit sich selbst multipliziert, eine positive Zahl (oder Null, wenn die ursprüngliche Zahl Null ist), nie eine negative Zahl wie -1. Doch stellte es sich als sehr bequem heraus, so zu tun, als *gäbe* es eine Zahl, deren Quadrat -1 ist. Der Buchstabe „*i*" wurde zur Bezeichnung dieser neuen Größe benutzt, und sie wurde eine „imaginäre Zahl" genannt. Sie hatte die eine eigentümliche Eigenschaft, daß ihr Quadrat -1 betrug, war aber ansonsten allen gewöhnlichen Rechenregeln unterworfen. Die Einführung einer solch neuen Art „Zahlen" war eine einfallsreiche und riskante Tat. Es bestand nämlich die Möglichkeit, daß der Gebrauch negativer Zahlen immer mehr Gemeingut werden würde und erst viel später zu einem ernsthaften Widerspruch führen könnte; dann hätte man die ganze frühere Arbeit wegwerfen können. Im 19. Jahrhundert, als man die Zahlensysteme viel genauer untersuchte, wurde jedoch offenbar, daß die „imaginären Zahlen" nicht mehr oder weniger wirklich sind als die gewöhnlichen „reellen Zahlen". Beide sind mathematische Abstraktionen, und die „reellen Zahlen" umfassen nicht nur die negativen Zahlen, die man so lange mißtrauisch beäugt hatte, sondern auch Seltsamkeiten wie die unendlichen Dezimalbrüche, die weder periodisch noch Lösung einer algebraischen Gleichung sind. Und so kamen die imaginären Zahlen dazu, voll zum Bestand des mathematischen Rüstzeugs gezählt zu werden, das zur Lösung von Aufgaben bereit steht. Imaginäre Zahlen werden heute von Ingenieuren und Physikern routinemäßig benutzt, und viele Anwendungen der Mathematik wären ohne sie undenkbar.

Wenige Entwicklungen in der Mathematik stießen freilich auf soviel Widerstand und sogar Empörung wie die nichteuklidische Geometrie*. Im 19. Jahrhundert war Euklids Geometrie zweitausend Jahre alt und für Jahrhunderte ein Hauptbestandteil der allgemeinen Ausbildung gewesen; sie war auch der Prototyp klaren Denkens und logischen Schließens. Immanuel Kant* sah die euklidische Geometrie als in unseren Gehirnen fest verdrahtet an, als Essenz der Art und Weise, wie die Außenwelt in jedem von uns wahrgenommen und anschaulich gemacht wird.

Doch 1829 veröffentlichte der russische Mathematiker Nikolai Iwanowitsch Lobatschewski* einen Artikel, in dem er eine Alternative zur euklidischen Geometrie vorstellte. Viele Sätze der euklidischen Geometrie blieben in Lobatschewskis Geometrie wahr: Die Grundwinkel eines gleichschenkligen Dreiecks sind gleich, die größte Seite eines Dreiecks liegt dem größten Winkel gegenüber usw. Tatsächlich gelten die Formulierungen und Beweise der ersten 28 Sätze von Euklids *Elementen* ohne Abstriche in der Lobatschewskischen Geometrie. Allerdings sind einige der vertrautesten Theoreme der euklidischen Geometrie nicht mehr gültig: zum Beispiel der Satz des Pythagoras und der Umstand, daß die Winkelsumme im Dreieck 180°* ist. In Lobatschewskis Geometrie ist die Summe der Winkel in einem Dreieck nicht ein fester Wert, sondern vom Dreieck abhängig; in allen Fällen liegt die Summe jedoch *unter* 180°.

Lobatschewski bezeichnete seine Geometrie nicht als „nichteuklidisch“, sondern als „imaginär“. Der Grund für diese Wahl war nicht, daß er seine Geometrie etwa für weniger real als die euklidische gehalten hätte, sondern daß viele Ausdrücke in der sphärischen Geometrie Entsprechungen in seiner Geometrie hatten, die durch einfaches Ersetzen reeller Zahlen durch imaginäre folgten.

Die Reaktion auf Lobatschewskis Arbeit war anfangs gering. Das mag zum Teil an der Wahl des Wortes „imaginär“ bei der Beschreibung seiner Geometrie gelegen haben, zum Teil daran, daß er seinen Artikel in einem ziemlich obskuren Journal und auch noch in Russisch veröffentlichte. Aber was als Reaktion auch kam, zuerst von Russen, die seine Arbeit gelesen hatten, dann, nach der Übersetzung, von Mathematikern anderer Nationen, war fast durchweg negativ.

Noch niederschmetternder war die Erfahrung, die ein junger Ungar namens János Bolyai machte, der unabhängig die nichteuklidische Geometrie entdeckt hatte. Bolyais Vater Wolfgang* war ein lebenslanger Freund von Gauß. Sie waren Kommilitonen in Göttingen gewesen und blieben, nachdem Wolfgang 1799 nach Ungarn zurückgekehrt war, in Kontakt, indem sie über fünfzig Jahre lang in Briefwechsel standen. Wolfgang, mit Recht stolz auf die Errungenschaft seines Sohnes, schickte eine Abschrift des Manuskripts an Gauß. Ein Wort der Anerkennung von Gauß oder gar eine Erwähnung von Bolyais Arbeit gegenüber den vielen mathematischen Fachkollegen, mit denen Gauß im Kontakt stand, hätten eine glänzende mathematische Karriere für den jungen Bolyai bedeutet. Stattdessen zeigte sich Gauß bei dieser Gelegenheit von einer weniger noblen Seite*. In seiner berühmten Antwort an Wolfgang erklärte er, er könne die Arbeit nicht loben, denn dann müßte er sich selbst rühmen. Der Grund dafür: Gauß hatte tatsächlich vieles von dem vorweggenommen*, was Lobatschewski und Bolyai getan hatten. Er hatte seine eigene Arbeit nie publiziert, nicht etwa, weil sie noch nicht den Grad der Vollendung erreicht hätte, der seinen hohen Ansprüchen genügt hätte, sondern weil er die negative Aufnahme, die er voraussah, fürchtete. Unter diesen Umständen hätte er genau so gut den jungen Bolyai durch ein Lob ermuntern können. Bolyai war vernichtet, als er erfuhr, daß die gewaltigen Mühen, die ihn das Ausarbeiten der Einzelheiten der neuen Geometrie gekostet hatten, umsonst waren und er nur den Schritten, die Gauß viele Jahre zuvor unternommen hatte, gefolgt war.

Es ist schon eine Ironie, daß gerade Gauß einer der wenigen Mathematiker war, die die neue Geometrie wirklich verstanden und ihre Bedeutung richtig einschätzten. Tatsächlich fing Gauß im Alter von 62 an, Russisch zu lernen – zum Teil, weil es ihm Spaß machte, neue Sprachen zu lernen; zum Teil, weil er die Herausforderung suchte und prüfen wollte, ob seine Geisteskräfte noch intakt waren; und zum Teil – so hat es den Anschein –, weil er Lobatschewskis Arbeit lesen wollte.

Die mathematische Welt hatte zwei hauptsächliche Bedenken gegenüber der nichteuklidischen Geometrie. Der erste Zweifel war, ob die neue Geometrie eine realisierbare Alternative zur euklidischen Geometrie darstelle. Und wäre sie „realisierbar“, so der zweite, hätte sie dann irgendeinen Wert. Bolyai und Lobatschewski (und Gauß) hatten ihre neue Geometrie entwickelt, indem sie mit den Axiomen der euklidischen Geometrie begannen und eines davon – das „Parallelenaxiom“ – durch ein neues Axiom ersetzten, das im direkten Widerspruch zu dem Euklidischen steht. Alle Sätze der euklidischen Geometrie, die sich nicht auf das Parallelenaxiom stützten, galten automatisch in der neuen Geometrie. Theoreme, die jedoch vom Parallelenaxiom Gebrauch machten, wurden nun durch andere Formulierungen ersetzt, die im Kontext der euklidischen Geometrie absurd klangen. Die große Frage der „Realisierbarkeit“ bezog sich auf die Frage, ob das neue Axiomensystem nicht eines Tages zu einem Widerspruch führen würde. In diesem Fall wäre das ganze Gebäude wertlos, wenn man einmal davon absieht, daß es den Glauben daran stärken würde, daß die euklidische die einzig mögliche Geometrie ist. Bolyai und Lobatschewski waren mit ihrem neuen Axiomensystem weit genug gekommen, um sich davon überzeugt zu haben, daß sie wirklich eine realisierbare Geometrie vorliegen hatten und daß das neue Axiomensystem zu keinem Widerspruch führen würde. Freilich, einen Beweis dafür hatten sie keinen, und so blieben Zweifel zurück.

Was den *Wert* der neuen Geometrie betraf – die Widerspruchsfreiheit einmal unterstellt –, so war sich Lobatschewski vollauf bewußt, daß sie für die gesamte Wissenschaft ein fundamentales Problem bedeutete. Ist der Raum, in dem wir leben, wirklich euklidisch, wie jedermann annahm, oder könnte die korrekte Beschreibung der realen Welt von Lobatschewskis „imaginärer Geometrie“ geliefert werden? Es ist eine weitverbreitete, aber falsche Auffassung, daß Gauß ein Experiment durchgeführt habe, um durch Messung der Winkel eines von drei Bergspitzen gebildeten Dreiecks zu entscheiden, ob der Raum euklidisch oder lobatschewskisch ist. Gauß unternahm zwar ein solches Experiment, aber das geschah im Zusammenhang mit einer Fragestellung in der Geodäsie* und nicht zum Nachweis der euklidischen oder nichteuklidischen Natur des Raums.

Nach der Publikation seiner ersten Arbeit zur neuen Geometrie entwickelte Lobatschewski seine Ideen weiter. Er veröffentlichte auf russisch einen zweiten Artikel mit dem Titel „Imaginäre Geometrie“*; eine französische Version erschien 1837 in *Crelle's Journal**, einer der führenden mathematischen Zeitschriften Europas. Zwei Jahre später führte der deutsche Mathematiker Ferdinand Minding in derselben Zeitschrift zum ersten Mal die Fläche ein, die wir heute *Pseudosphäre* nennen. Wieder in *Crelle's Journal* notierte Minding 1840 eine bemerkenswerte Tatsache: Wenn man in den Standardformeln, die die Seiten und die Winkel in einem sphärischen Dreieck in Beziehung setzen, für den Radius der Kugel eine imaginäre Zahl einsetzt, dann ergeben sich genau die Formeln, die für geodätische Dreiecke auf einer Pseudosphäre* gelten. Er gibt ein Beispiel für eine solche Formel*, das, in einer etwas anderen Bezeichnungsweise, genau einer Formel von Lobatschewski gleicht.

Hier haben wir eines der großen Beispiele von Nicht-Kommunikation und verpaßten Chancen in der Mathematik vor uns: Anscheinend hat weder Lobatschewski noch Minding die Arbeit des anderen gelesen; offenbar hat *niemand* beide Artikel gelesen und $2i$ und $2i$ zusammengezählt, um zu erkennen, daß Lobatschewskis „imaginäre Geometrie“ nichts mehr und nichts weniger als die ganz reale Geometrie einer besonderen Fläche war. Mit anderen Worten: Hätte die Erde die Gestalt einer riesigen Pseudosphäre, hätte die Geodäsie zu den Gleichungen von Lobatschewski geführt statt zu denen der sphärischen Geometrie.

Was das Fehlen einer Verbindung zwischen den Arbeiten Mindings und Lobatschewskis um so bemerkenswerter macht, ist, daß beide auf die Analogie mit der sphärischen Geometrie bei Verwendung imaginärer statt reeller Zahlen hinweisen. Diese Verbindung war bereits 50 Jahre zuvor von Johann Lambert, einem jüngeren Zeitgenossen von Euler, gesehen worden.

Der 1728 im Elsaß geborene Lambert wurde der führende deutsche Mathematiker seiner Zeit*. Sein Name ist mit mehreren Kartenprojektionen verknüpft, die heute in Atlanten rund um die Welt in allgemeinem Gebrauch sind. In der Mathematik ist er wegen der Beantwortung einer 2000 Jahre alten Frage zu den Kreisen bekannt: Läßt sich die Maßeinheit so wählen, daß sowohl der Durchmesser als auch der Umfang eines Kreises ganzzahlig sind? Wäre π beispielsweise exakt (statt nur näherungsweise) durch den Bruch $\frac{22}{7}$ gegeben, hätte ein Kreis mit

Durchmesser 7 einen Umfang von genau 22 (statt wie in Wirklichkeit etwas weniger). Lambert zeigte, daß der Umfang nicht auch ganzzahlig sein kann, wenn der Durchmesser *irgendeine* ganze Zahl beträgt. Nach der modernen Terminologie ist π *irrational**: nicht durch das Verhältnis ganzer Zahlen gegeben. In einer weiteren bekannten Arbeit aus dem Jahre 1786 fehlte nicht viel, und Lambert wäre der Begründer der nichteuklidischen Geometrie geworden. Er führte aus, es gebe zwei Möglichkeiten, das Parallelenpostulat der euklidischen Geometrie durch eine Alternative zu ersetzen, und verwies auf sie unter der Bezeichnung zweite und dritte Hypothese. Bei der ersten Alternative – seiner „zwoten Hypothese" – zeigt er, daß die Summe der Winkel eines Dreiecks immer über 180° liegt, und zwar um einen zur Fläche des Dreiecks proportionalen Betrag. Er bemerkt, daß genau das auf geodätische Dreiecke auf einer Sphäre zutreffe. Er sagt dann, daß bei der anderen Alternative – seiner „dritten Hypothese" – die Winkelsumme im Dreieck *unter* 180° liege und der Fehlbetrag wieder zur Dreiecksfläche proportional sei. Diese Beobachtung ließ ihn schreiben: „Ich sollte daraus fast den Schluß machen, die dritte Hypothese komme bey einer imaginären Kugelfläche vor."[2]

Natürlich hatte er vollkommen recht: Seine „imaginäre Kugel" ist genau die Pseudosphäre von Minding, und seine „dritte Hypothese" führt genau zur Lobatschewskischen Geometrie.

Lambert konzentrierte sich besonders auf eine der auffälligsten Konsequenzen seiner dritten Hypothese: Es gäbe dort keine Ähnlichkeit von Dreiecken, zwei Dreiecke mit denselben Winkeln müßten tatsächlich kongruent sein – die Winkel bestimmten die Seitenlängen! Dieselbe Tatsache wurde Hunderte von Jahren zuvor von islamischen Mathematikern und Astronomen bei sphärischen Dreiecken bemerkt. So hat ein gleichseitiges Dreieck in der Ebene – ein Dreieck mit drei gleichen Seiten – drei gleiche Winkel von je 60°. Irgend zwei gleichseitige Dreiecke sind ähnlich – sie unterscheiden sich im Grad der Vergrößerung. Ein

---

[2] Anm. d. Übers.: Die einfache Formel für den Flächeninhalt eines sphärischen Dreiecks ($S = r^2\delta$, wo δ der sphärische Exzeß ist) gilt nämlich auch bei der „dritten Hypothese", wenn r imaginär angesetzt wird. Zwei Minuszeichen kompensieren sich, und es folgt ein positiver Flächeninhalt.

gleichseitiges Dreieck auf der Kugel hat wieder drei gleiche Seiten und drei gleiche Winkel, aber jetzt ist die Größe der Winkel nicht für alle gleichseitigen Dreiecke dieselbe. Bei kleinen Dreiecken sind die Winkel nur geringfügig größer als 60°, dagegen belaufen sie sich bei einem großen Dreieck, dessen Seiten ein Viertel der „Äquatorlänge" betragen, jeweils auf 90°. Zu jedem Winkel zwischen 60° und 90° gibt es genau eine Größe für ein gleichseitiges Dreieck auf der Kugel, das solche drei Winkel hat. Anders ausgedrückt, sind zwei gleichseitige Dreiecke mit denselben Winkeln *kongruent* – sie haben dieselben Winkel *und* dieselben Seitenlängen; wir können auf einer Sphäre nicht wie in der Ebene ein gleichseitiges Dreieck unter Beibehaltung der Winkel vergrößern oder verkleinern.

Das war die von Lambert bei seiner „zwoten Hypothese" bemerkte Eigenschaft. Bei seiner „dritten Hypothese" hatte ein gleichseitiges Dreieck auch drei gleiche Winkel, aber sie waren *geringer* als 60°. Zu jedem Winkel unter 60° gibt es genau eine Größe für ein gleichseitiges Dreieck dieses Winkels. Wieder gibt es keine „ähnlichen Triangeln", die dieselben Winkel aufweisen, aber maßstäblich vergrößert oder verkleinert sind. Bei einer der seltenen Gelegenheiten, daß ein Mathematiker offenbart, wie sehr er bei seiner Arbeit gefühlsmäßig engagiert ist, legt Lambert die Argumente für und wider eine Annahme seiner „dritten Hypothese" vor. Er schreibt:

> Diese Folge hat etwas Reizendes, welches leicht den Wunsch abdringt, die dritte Hypothese möchte doch wahr seyn!
>
> Allein ich wünschte es, dieses Vortheils unerachtet, dennoch nicht, weil unzähliche andre Unbequemlichkeiten dabey mit seyn würden. Die trigonometrischen Tafeln würden unendlich weitläuftig; und die Ähnlichkeit und Proportionalität der Figuren würde ganz wegfallen; keine Figur ließe sich anders als in ihrer absoluten Größe vorstellen; um die Astronomie wäre es übel bestellt; u. s. w.
>
> Jedoch dies sind *Argumenta ab amore & inuidia [invidia] ducta* [keine sachlichen, sondern von Liebe und Haß diktierte Argumente], die aus der Geometrie, so wie aus allen Wissenschaften, ganz wegbleiben müssen."[3]

[3] Anm. d. Übers.: Ein Nachdruck der Lambertschen Arbeit findet sich in Paul Stäckel, *Die Theorie der Parallellinien von Euklid bis auf Gauss*, Teubner, Leipzig, 1895 (s.

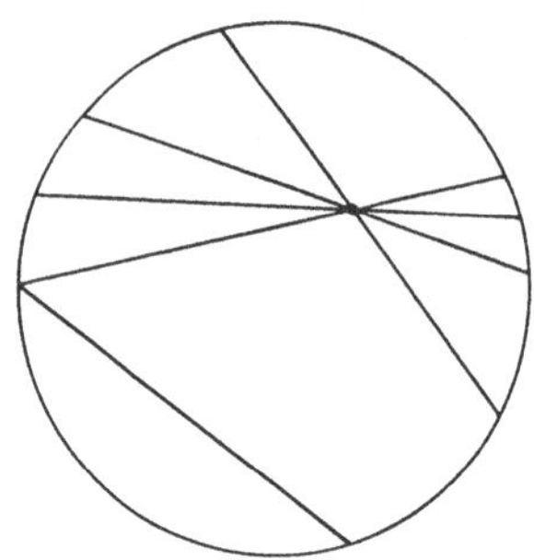

Bild 4.1
Geraden in Beltramis Modell der Lobatschewskischen Geometrie

Trotz seiner gegenteiligen Beteuerungen scheinen die Argumente gegen die dritte Hypothese überwogen zu haben, und Lambert redete sich ein, sie würde zu einem Widerspruch führen und müsse verworfen werden.

Die Welt hatte ein halbes Jahrhundert zu warten, bis die Artikel von Lobatschewski und Minding die von Lambert zaghaft formulierten Ideen aussprachen, und dann noch ein Viertel Jahrhundert, bis die Verbindung zwischen den beiden Arbeiten endlich hergestellt war. 1868 zeigte der italienische Geometer Eugenio Beltrami, daß Lobatschewski und Minding zwei Versionen derselben Geometrie beschrieben. Er erreichte auch das Ziel, Lobatschewskis Geometrie eine sichere Unterlage zu geben, indem er nachwies, daß sie genauso realisierbar ist wie die euklidische. Er zeigte, wann immer man auf einen aus den Lobatschewskischen Axiomen folgenden Widerspruch stieße, müßte ein ähnlicher Widerspruch auch in der euklidischen Geometrie stecken. Beltrami verwendete einen zweifältigen Zugang. Zunächst stellte er die spezielle Verbindung zwischen den Lobatschewskischen Formeln und denen her, die auf einer beliebigen Fläche konstanter negativer Krümmung wie der Pseudosphäre gelten. Dann fand er eine Methode, eine „Karte" von Lobatschewskis „imaginärer" Welt zu konstruieren (Bild 4.1). Beltramis Karte wurde in das Innere eines Kreises auf der gewöhnlichen euklidischen Ebene gezeichnet; die Sehnen dieses Kreises entsprechen genau den Geraden in Lobatschewskis Geometrie. Es leuchtet unmittelbar ein,

80, 81, 82). Siehe auch *Johann Heinrich Lambert – Leistung und Leben*, Braun, Mülhausen (Els.), 1943, S. 32.

daß Euklids Parallelenpostulat nicht gilt, hingegen Lobatschewskis Ersatz schon: Zu einer beliebigen „Gerade“ und irgendeinem nicht auf ihr liegenden Punkt gibt es unendlich viele „Geraden“ durch den Punkt, die die ursprüngliche „Gerade“ nicht schneiden. Es ist im Auge zu behalten, daß Beltramis Bild eine *Karte* und keine *Nachbildung* ist und daß wie bei Karten einer Sphäre Verzerrungen des Originals auftreten. Auf Mercators Karte entsprechen unendliche vertikale Geraden endlichen Halbkreisen: den Meridianen. Auf Beltramis Karte entsprechen endliche Sehnen in einem Kreis unendlich langen Geraden im Original. In beiden Fällen braucht man zum richtigen Gebrauch der Karte präzise Gleichungen, die erklären, wie Messungen auf der Karte in Messungen am Original umzurechnen sind.

Genau genommen, sollte Beltramis Bild eher ein „Modell“ als eine Karte genannt werden, weil das Wort „Karte“ ansonsten nur verwendet wird, wenn die Fläche, die es zu kartieren gilt, bereits existiert. Lobatschewski hatte die Regeln seiner Geometrie niedergeschrieben, ohne ein wirkliches Spielfeld angeben zu können, auf dem diese Regeln gelten. Bei einigen dieser Regeln, wie zum Beispiel den trigonometrischen Beziehungen für Dreiecke, zeigten Minding und Beltrami, daß sie für geodätische Dreiecke auf einer Fläche konstanter negativer Krümmung wie der Pseudosphäre zutreffen. Allerdings gelten andere Eigenschaften der Lobatschewskischen Geometrie nicht; zum Beispiel die Forderung, daß man eine Gerade in beiden Richtungen beliebig verlängern könne. Die Pseudosphäre besitzt diese Eigenschaft nicht; wäre die Welt eine Pseudosphäre, *würden* wir tatsächlich über den Rand hinausschießen, wie die Vertreter einer flachen Erde befürchteten.

Die beiden führenden Mathematiker im Europa des ausgehenden 19. Jahrhunderts, David Hilbert in Deutschland und Henri Poincaré in Frankreich, spielten ebenfalls eine Rolle bei der Erledigung der wenigen letzten Fragen und beim Ausräumen von Zweifeln hinsichtlich Lobatschewskis Geometrie. Hilbert stellte sich die Frage: Läßt sich eine Fläche finden, die wie die Pseudosphäre eine konstante negative Krümmung besitzt, aber im Gegensatz zu dieser keine Kante aufweist, so daß sie *alle* Forderungen von Lobatschewskis Geometrie erfüllt? Wenn dem so wäre, würde sie die sauberste Antwort auf die Frage nach der Realisierbarkeit liefern, ohne auf Modelle in der Art Beltramis zurückzugreifen. Hilbert bewies, daß eine solche Fläche nicht existiert. Man hat also nach anderweitigen Modellen der Lobatschewskischen Geometrie Ausschau zu halten.

Poincaré ersann ein neues Modell, das mehrere Vorzüge gegenüber Beltramis ursprünglichem Modell aufwies. Poincarés Modell hat mit der Mercator-Karte der Sphäre die Schlüsseleigenschaft gemein, daß die Winkel im Modell korrekt dargestellt werden. Das ist bei Beltrami nicht der Fall. Poincarés Modell kann in der folgenden Weise beschrieben werden. Schneide eine gewöhnliche euklidische Ebene – sagen wir entlang einer horizontalen Geraden – entzwei. Stellen Sie sich die Halbebene als aus einem transparenten Material, Glas oder Kunststoff, bestehend vor; dabei nehme die optische Dichte (oder der Brechungsindex) des Materials immer mehr zu, je mehr man sich der Randlinie nähert. Die „Geraden" in der Geometrie sind die von den Lichtstrahlen im Material eingeschlagenen Wege. Gemäß den Grundgesetzen der Brechung werden diese Strahlen gekrümmt sein, und wenn die Dichte gerade richtig verteilt ist, folgen die Lichtstrahlen halbkreisförmigen Pfaden, senkrecht zur Randlinie. Poincaré zeigte, wie Messungen auf dieser „Karte" zu interpretieren sind, um ein exaktes Modell der Lobatschewskischen Geometrie zu erhalten.

Poincaré brachte auch eine Variante seines Modells heraus, die wie bei Beltrami ganz innerhalb eines Kreises enthalten ist. Sie ist das Modell, das durch die Radierungen von M. C. Escher berühmt wurde. Tatsächlich stellen Eschers phantasievolle Weisen, die Lobatschewskische Ebene zu täfeln, eines der klarsten und leichtesten Mittel dar, die Poincarésche Karte der Lobatschewskischen Geometrie zu entschlüsseln. In dem vertrauten Bild, das als „Himmel und Hölle" oder „Engel und Teufel" (offizieller Titel: „Kreislimit IV") bekannt ist (Bild 4.2), sind all die Engel exakte Kopien voneinander, wenn man den wahren Maßstab der Lobatschewskischen Ebene zugrundelegt. Daß sie mit zunehmender Entfernung vom Kreismittelpunkt immer kleiner erscheinen, ist ein Artefakt der Poincaréschen Karte, die wie die Beltramische eine unendlich lange Linie in der wahren Geometrie durch eine Kurve endlicher Länge wiedergibt. Was für die Engel gilt, das gilt auch für die Teufel:

Bild 4.2 M. C. Eschers „Engel und Teufel“ (offizieller Titel „Kreislimit IV“

Sie haben in Lobatschewskis „imaginärer Geometrie“ alle genau dieselbe Größe und variieren auf dem Bild nur deshalb in der Größe, weil die Poincaré-Karte, wie jede Karte der Lobatschewski-Ebene, notwendigerweise Längen und Entfernungen verzerrt*.

Nach den Arbeiten von Beltrami und Poincaré war die Frage nach der Realisierbarkeit der Lobatschewskischen Geometrie erledigt. Diese wurde in ein weiteres Werkzeug des Geometers überführt und allmählich als *hyperbolische Geometrie* bekannt, womit sie sich von der gewöhnlichen euklidischen Geometrie wie einer weiteren nichteuklidischen, mit der Kugelgeometrie eng verwandten Geometrie mit Namen *elliptische Geometrie* abhebt.

Die hyperbolische Geometrie hat sich in weit voneinander entfernten Teilen der Mathematik als enorm nützlich erwiesen. Am überraschendsten dürfte die Beziehung zur 1993 vorgeschlagenen Lösung des 350 Jahre alten „Fermatschen Problems" gewesen sein.

Es bleibt die Frage: Welchen Wert hat die nichteuklidische Geometrie in der „realen Welt"? Die Antwort kam in Folge einer Reihe von Entwicklungen, die mit einer grundlegenden Revision der gesamten Geometrie durch Bernhard Riemann, einen der großen Visionäre der Mathematik, begannen.

Kapitel 5
Der gekrümmte Raum

ES STECKT ERSTAUNLICH VIEL IMAGINATION
IN DER MATHEMATIK DER NATUR;
UND ARCHIMEDES HATTE MINDESTENS SO VIEL
PHANTASIE WIE HOMER.

—Voltaire

Georg Friedrich Bernhard Riemann (Bild 5.1) wurde 1826 – fast 50 Jahre später als Gauß – geboren. Sein Geburtsort, das Dorf Breselenz, gehörte zum Königreich Hannover, für das Gauß damals die Landvermessung durchführte. Repräsentieren gemeinhin Bach, Beethoven und Brahms den Gipfel der klassischen Musik, bildet Riemann zusammen mit Euler und Gauß ein Trio von Mathematikern, die für ein Goldenes Zeitalter der Mathematik stehen. Trotz offensichtlicher Unterschiede ihrer Karrieren in der Mathematik bzw. Musik fallen einige Ähnlichkeiten auf.

Euler und Bach lebten im 18. Jahrhundert und arbeiteten, wie seinerzeit üblich, unter dem Patronat des Adels oder von Königshäusern. Beide waren sie in ihrem Familien- wie in ihrem Berufsleben fruchtbar: Sie hatten große Familien und hinterließen der Nachwelt eine Unzahl von Manuskripten. Ferner litten sie im Alter unter schwindender Sehkraft und starben völlig blind.

Beethoven und Gauß verkörperten dagegen die romantischen Ideale des frühen 19. Jahrhunderts. Sie wollten aus allem, was sie anpackten, ein Meisterwerk machen. Bach und Euler, deren Leben und Geisteshaltung so viel sonniger und weniger kompliziert erscheinen, setzten sich hin und brachten in einem Zug ein Werk in seiner endgültigen Fassung

Bild 5.1
Georg Friedrich Bernhard Riemann (Mathematisches Institut, Göttingen)

zustande; Beethoven war dafür bekannt, daß er ein Stück vor der Herausgabe immer wieder umschrieb und überarbeitete. Der Leitspruch von Gauß, *pauca sed matura* – „Weniges, aber Ausgereiftes", spiegelt seine Besessenheit wider, das Wesentliche jedes Gedankens aufzuspüren und ein Manuskript für die Veröffentlichung erst freizugeben, wenn es seinen Vorstellungen von Vollkommenheit genügte. Das sorgte unter anderem für Frustrationen bei einigen seiner Zeitgenossen, die, wie Bolyai, jahrelang an einem Problem gearbeitet hatten – und dann entlockten die Früchte ihrer Arbeit Gauß nur die lakonische Antwort: „Das habe ich schon gewußt."

Brahms und Riemann sind in der Welt der zweiten Hälfte des 19. Jahrhunderts viel besser dran. Wie sie uns über ihre Vollbärte anblicken, scheinen sie von den heroischen Hoffnungen und Ansprüchen der Napoleonischen Zeit weit entfernt. Beide waren von Natur aus bescheiden, befanden sich aber in der wenig beneidenswerten Lage, von ihren Zeitgenossen als natürliche Nachfolger hervorragender Größen wahrgenommen zu werden. Riemann wurde nicht nur auf den Göttinger Lehrstuhl berufen, den vorher Gauß innegehabt hatte, sondern bezog auch dessen Räume im Observatorium. Andererseits (vielleicht auch gerade deswegen) trieben Brahms und Riemann den Perfektionismus noch weiter als Beethoven und Gauß. Brahms brauchte zwanzig Jahre, in denen er ebenso viele Quartette komponierte, bis er sich dazu durchringen konnte, eines zu veröffentlichen. Seine insgesamt vier Symphonien stehen in Kontrast zu den neun von Beethoven und den hundert von Haydn.

Riemanns geringe Zahl von Veröffentlichungen ist, im Vergleich zur Flut von Euler, noch auffälliger. Seine gesamten Beiträge zur Mathematik sind in einem kleinen Paperback-Band von weniger als einem Zoll Dicke gesammelt.

Und doch war Riemann eine Schlüsselfigur, deren Einsichten und Erfindungen nicht nur die Entwicklung der Mathematik beeinflußten, sondern auch unsere ganze Weltauffassung änderten. Daß Gauß für Bolyai kein lobendes Wort finden mochte, war für Gauß eher die Regel als die Ausnahme. Als er aber die Doktorarbeit von Riemann zu Gesicht bekam, war er von ihr sofort angetan und sprach von Riemanns „strebsamem echt mathematischem Forschungsgeiste und von einer rühmlichen produktiven Selbsttätigkeit". Jahre später, als Riemanns Gedanken Früchte trugen, sollte Albert Einstein schreiben: „Nur das einzigartige Genie Riemanns konnte bereits in der Mitte des vergangenen Jahrhunderts zu einer neuen Konzeption des Raumes gelangen, in der der Raum seiner Starrheit entledigt war und in deren Rahmen die Möglichkeit erkannt wurde, daß er an physikalischen Prozessen teilhat."

Wesentlich an Riemanns neuer Konzeption war, daß wir den uns umgebenden Raum in derselben Weise erkunden können, wie das Gauß für eine Fläche vorgeschrieben hatte: Indem man ohne Vorurteil direkten Wegen folgt, Messungen durchführt und die Befunde aufzeichnet. Was Einstein später ein Gedankenexperiment zu nennen pflegte – ein Experiment, das nur in unserer Vorstellung durchgeführt wird –, soll jetzt unternommen werden.

Bevor wir dieses „Experiment" beschreiben, sollten wir ein paar Worte über die Natur von Gedankenexperimenten und ihre wichtige Rolle beim Verstehen der physikalischen Welt verlieren. Ein gutes Beispiel für die Rolle eines Gedankenexperiments liefert das „Trägheitsgesetz"*, das zuerst von Galilei formuliert und später von Newton als erstes der drei berühmten „Newtonschen Gesetze" der Mechanik übernommen wurde. Galilei hatte mit Sorgfalt die Bewegung von Körpern unter verschiedenen Bedingungen messend beobachtet und schließlich den Schluß gezogen, die korrekte Beschreibung stelle das genaue Gegenteil der fast zweitausend Jahre lang geltenden Standardlehre dar. Diese auf Aristoteles zurückgehende Lehre besagte, daß eine Kraft zur Aufrechterhaltung der Bewegung vonnöten sei und daß diese aufhöre, wenn die Kraft abgeschaltet werde. Galilei hingegen versicherte, daß die Bewegung ewig fortdauern werde, *sofern* keine Kraft zu ihrer Beendigung ausgeübt werde. Die aristotelische Überzeugung konnte sich aus einem einfachen Grund so lange halten: Es gab kein Experiment, das Galileis Behauptung hätte bestätigen können. *Immer* wirken nämlich irgendwelche Kräfte auf einen Körper ein: die Schwerkraft, die Reibung oder die Kraft, die die Erde im Moment des Aufschlags auf den fallenden Körper ausübt – nur um ein paar zu nennen. Galilei hatte an eine Situation zu denken, in der all diese Kräfte abgeschaltet sind, und er schloß, daß sich ein Körper dann fortwährend in derselben Richtung und mit derselben (Bahn-)Geschwindigkeit bewegen würde. Er kam zu dieser Auffassung, indem er beobachtete, was die allmähliche Ausschaltung äußerer Kräfte bewirkt, und feststellte, daß sich das tatsächliche Ergebnis immer mehr der Voraussage seines idealen Experiments annäherte. Die Bedeutung dieses Gedankenexperiments kann nicht überschätzt werden; es erlaubte Newton, Kräfte erst im 2. und 3. Gesetz einzuführen und die genaue Wirkung anzugeben, die sie auf die Bewegung eines Körpers haben. In der Folge wurde die qualitative, von Aristoteles stammende Beschreibung der physikalischen Welt durch Newtons präzise quantitative Aussagen in Form einfacher mathematischer Gleichungen ersetzt, die die Grundlage der gesamten modernen Physik wurden.

Im folgenden bringen wir nicht genau Riemanns ursprüngliche Fassung, sondern ein äquivalentes Gedankenexperiment, das die Riemannsche Vorschrift zur Analyse der Gestalt des Raums illustriert. Nehmen wir einmal an, wir wollen den Raum in der Erdumgebung erfassen. Wir wählen zuerst eine Richtung – zum Beispiel die vertikale am Nordpol –

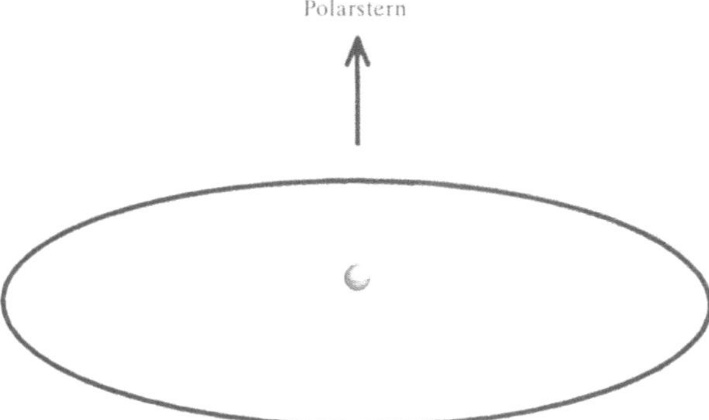

Bild 5.2 Der Halo, der in unserem Gedankenexperiment den Erdäquator umgibt

und untersuchen dann die „Gestalt des Raums“ in der dazu senkrechten Ebene.

Stellen Sie sich eine große Anzahl von Raketen vor, die längs des ganzen Äquators in gleichen Abständen aufgestellt seien. Auf ein Signal feuern wir alle Raketen gleichzeitig ab. Die Raketen seien so programmiert, daß sie eine bestimmte Strecke nach oben fliegen und dann einen hellen Blitz aussenden. Bei genügend vielen Raketen wäre das Ergebnis ein gigantischer Lichterkranz, der die Erde in einer gegebenen Entfernung von ihrer Oberfläche umgibt (Bild 5.2). Für unser Gedankenexperiment wollen wir unterstellen, daß wir den Umfang dieses Kreises messen können. Bei einem wirklich euklidischen Raum würde die Kreislänge das 2π-fache seines Radius betragen. Nach Riemanns Ansicht können wir jedoch keinesfalls den tatsächlichen Wert des Umfangs im Vorhinein kennen; wir wissen ja nicht, ob der Raum wirklich euklidisch ist. In der Tat war diese Auffassung bereits von Gauß wie von Lobatschewski geäußert worden. In den 1820ern hatte Lobatschewski alle Formeln einer nichteuklidischen Raum- sowie einer Flächengeometrie ausgearbeitet; darunter war eine, die den Umfang eines Kreises mit vorgegebenem Radius liefert, wie wir ihn in dem Lichterkranz unseres Gedankenexperiments vorliegen haben. In Lobatschewskis Geometrie (die auch *hyperbolische Geometrie* genannt wird) übertrifft der

Umfang den euklidischen Wert von 2π mal dem Radius, und zwar um einen bestimmten Betrag, der ein Maß für die „Raumkrümmung" darstellt. Riemann wies jedoch darauf hin, daß es keinen Grund gebe, den Raum a priori als entweder euklidisch oder lobatschewskisch anzunehmen. Das seien nur zwei Optionen. Es könne sich beispielsweise herausstellen, daß die Länge des Kreises *unter* dem euklidischen Wert liege. Riemann gab ein Beispiel, bei dem dies der Fall war. Die entsprechende Geometrie ist eine andere nichteuklidische Geometrie, die „elliptische", „sphärische" oder „Riemanns nichteuklidische Geometrie" heißt.

Aber Riemann ging noch viel weiter. In allen drei Geometrien – in seiner eigenen, in der Lobatschewkis oder der Euklids – ist der Umfang eines Kreises von gegebenem Radius derselbe, wo auch immer der Kreis im Raum liegt. Wieder meinte Riemann, es gebe keine Gründe für diese Annahme. Die Raumkrümmung in Erdnähe könnte sich erheblich von der Krümmung in der Nachbarschaft eines Sterns im Zentrum unserer Milchstraße oder eines Sterns in irgendeiner entfernten Galaxie unterscheiden. In allen Fällen würde die Durchführung eines Gedankenexperiments der vorgestellten Art einen Hinweis auf die Raumkrümmung geben, indem man den Umfang eines Lichterkreises mit seinem Radius vergleicht. Die Formel von Bertrand und Puiseux, die die Kreislänge auf einer Oberfläche mit deren Krümmung in Beziehung setzt, läßt sich zur *Definition* der Raumkrümmung* heranziehen: Bei verschwindender Raumkrümmung hat ein Kreis vom Radius r die Länge $2\pi r$, eine positive Krümmung führt zu einer Länge *unter* $2\pi r$ – je größer die Krümmung, desto kleiner die Länge –, und eine negative Krümmung entspricht einer Länge *oberhalb* von $2\pi r$ – je negativer die Krümmung, desto größer die Länge.

Ein alternativer Zugang zur Raumvermessung, der der gewöhnlichen Landvermessung eher entspricht, läßt sich durch ein etwas abweichendes Gedankenexperiment beschreiben, bei dem die „Lichterkreise" durch eine „Triangulation" ersetzt sind. Wir könnten an sechs äquidistanten Punkten auf dem Äquator sechs Sonden starten, die dann laufend die Distanzen zu ihren jeweiligen Nachbarn überwachen (Bild 5.3). Ist der Raum euklidisch*, gleichen diese Distanzen stets der Entfernung der Sonden vom Erdmittelpunkt. In einem lobatschewskischen Raum

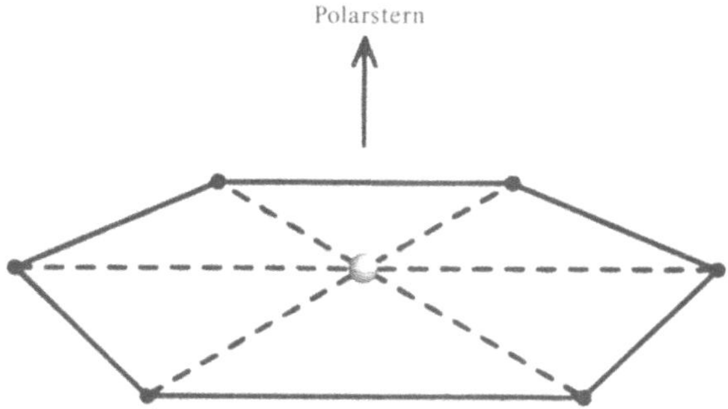

Bild 5.3 Um die Raumkrümmung zu bestimmen, werden die Entfernungen zwischen sechs Sonden gemessen und mit der Erdentfernung jeder Sonde verglichen.

würden die Entfernungen zwischen den Sonden schneller anwachsen als die Flugstrecke der Sonden, wohingegen in einem positiv gekrümmten Raum die Entfernungen zwischen den Sonden langsamer zunehmen würden als der seit dem Start auf der Erde zurückgelegte Weg.

Wie bei der Gaußschen Beschreibung der Krümmung[1] über geodätische Dreiecke (oder den Baumabstand in einer Obstplantage) sollte Riemanns Begriff der Raumkrümmung als eine Beschreibung aufgefaßt werden, wie Meßergebnisse von denen abweichen, die in einem euklidischen Raum gefunden würden.

Über die Raumkrümmung existieren zwei Mißverständnisse. Erstens, die Krümmung sei im Gegensatz zur Flachheit ein recht vages oder qualitatives Konzept. Sie ist tatsächlich etwas ganz Präzises, indem jedem Punkt im Raum und jeder Richtung in diesem Punkt eine bestimmte Zahl zugeordnet ist, die durch die Gestalt des Raums in der Nähe der fraglichen Stelle bestimmt ist. Zweitens, man müsse, um einen gekrümmten Raum zu beschreiben oder ihn sich vorzustellen, irgendwie

[1] Anm. d. Übers.: Einige Leser kennen vielleicht vom Studium der allgemeinen Relativitätstheorie den Riemannschen Krümmungstensor. Der wird dort meist über die Änderung eines Vektors definiert, die dieser beim „Paralleltransport" längs einer geschlossenen Kurve erleidet. Daß dieses Krümmungskonzept mit dem Gaußschen zusammenhängt, zeigt sich darin, daß sich ein Vektor bei der Parallelverschiebung um ein sphärisches Dreieck gerade um den sphärischen Exzeß dreht.

an ein „Ausbiegen“ in eine vierte Dimension denken. Dieses Bild kann eine nützliche Hilfe sein, wenn der gekrümmte Raum jemandem zu veranschaulichen ist, dem vertraut ist, was die Mathematiker einen „vierdimensionalen euklidischen Raum“ nennen. Leider haben Wissenschaftsjournalisten und Science-fiction-Autoren das Konzept des vierdimensionalen Raums oft mit mystischen Obertönen versehen. Wer sich nicht durch die mathematischen Details hindurchgearbeitet hat, dem scheint die Sache eher vernebelt denn klarer. Wieder einmal handelt es sich einfach darum, daß Messungen im normalen dreidimensionalen Raum nicht mit den nach der euklidischen Geometrie zu erwartenden Ergebnissen übereinstimmen; die „Krümmung“ steht für Art und Grad der Abweichung vom euklidischen Modell.

Nach unserer Erfahrung gibt die euklidische Geometrie auf der kleinen Skala eine gute Beschreibung des Raums. Aber wir haben keinerlei Grund zu der Annahme, daß dies auch auf der größeren intergalaktischen Skala gilt. Diese Extrapolation vom Kleinen zum Großen läßt uns an ein flaches Universum denken, wie in einem früheren Zeitalter an eine flache Erde geglaubt wurde.

Unsere Versuche, eine korrekte Weltkarte anzufertigen, bieten eine gute Analogie zum Dilemma, das Universum zu „kartieren“. Karten von Städten und kleinen Regionen mögen lokal genau erscheinen, würden jedoch bei Ausdehnung ins Große starke Verzerrungen aufweisen, da keine flache Karte die Krümmung einer Kugel korrekt wiederzugeben vermag. Dasselbe könnte beim Universum zutreffen. Während wir im interkontinentalen Maßstab gelernt haben, uns von der Flacherde-Mentalität zu lösen, haben wir unsere Neigung noch nicht überwunden, uns das Universum flach vorzustellen.

Riemann setzte nicht nur die Idee des gekrümmten Raums in die Welt und erklärte, wie dessen Krümmung wirklich zu berechnen ist; er schlug auch ein Modell vor, das sich radikal vom üblichen euklidischen Modell für das Universum im ganzen unterscheidet. Genauer: Er gab eine Beschreibung des Weltalls, falls dieses die Gestalt eines „sphärischen Raums“ haben sollte. Dies wäre der Fall, wenn der Raum eine *konstante positive Krümmung* aufwiese.

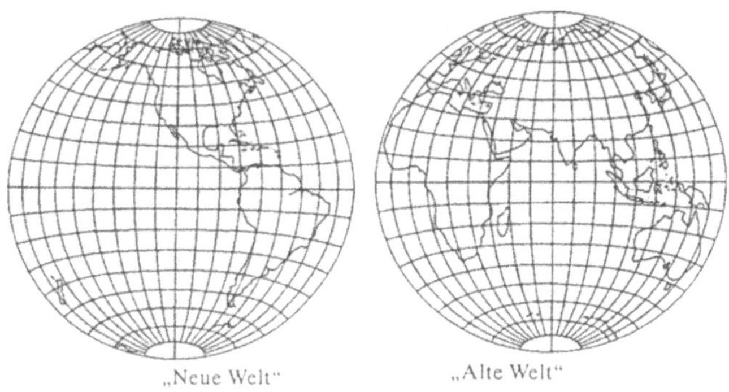

Bild 5.4 Die beiden Hemisphären der Erde

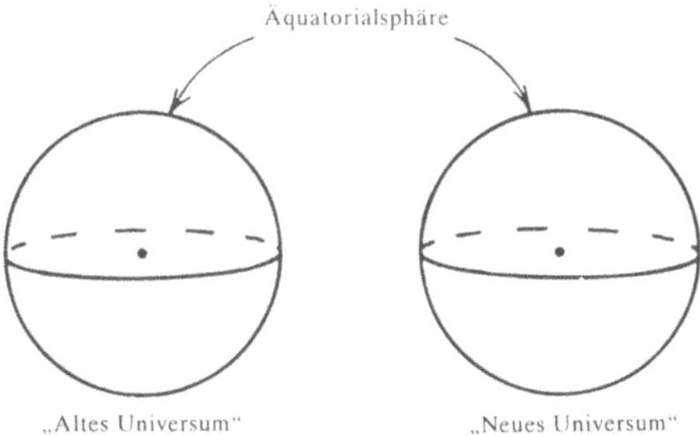

Bild 5.5 Riemanns Universum

Am einfachsten kommen wir zu einer Beschreibung des Riemannschen Universums, wenn wir uns an die Weltkarte in Form zweier getrennter Hemisphären erinnern, bei der diese jeweils eine „Seite“ der Erde zeigen (Bild 5.4). Riemanns Universum kann nun in genau derselben Weise gezeichnet werden.

Stellen Sie sich vor, die Erde befinde sich im Zentrum der Kugel links und das Kugelinnere enthalte alles, was wir gegenwärtig durch unsere größten Teleskope vom Universum sehen können (Bild 5.5). Denken Sie sich dann weit außerhalb der Reichweite dieser Fernrohre im Mittelpunkt der Kugel auf der rechten Seite eine Zivilisation plaziert, die durch ihre eigenen Teleskope schaut, in deren Reichweite alles innerhalb der rechten Kugel fällt.

Es gibt offenbar verschiedene Möglichkeiten. Die beiden Kugeln können weit voneinander entfernt sein, mit großen Teilen des Weltalls dazwischen; oder sie können überlappen, so daß gewisse Galaxien für beide Zivilisationen zu sehen sind. Riemann schlägt eine dritte Möglichkeit vor: Sie könnten nicht überlappen *und* zusammen das gesamte Weltall ausmachen.

Mit anderen Worten: Der Teil des Weltalls, den wir mit unseren Fernrohren erreichen können, liegt innerhalb einer großen Kugel, deren äußerer Rand – *von der anderen Seite her* – zugleich die äußere Grenze einer anderen Zivilisation sein kann. Dieser äußere Rand wäre die „Äquatorialsphäre"*, die das Universum in zwei Teile teilt: das uns bekannte „Alte Universum" und das „Neue Universum", zu dessen Erkundung ein Kolumbus des 21. Jahrhunderts aufbrechen könnte.

Ein Grund, weshalb so eine Beschreibung des Weltalls künstlich, ja unmöglich erscheint, ist derselbe Grund, wegen dem Versuche, korrekte Weltkarten zu zeichnen, zum Scheitern verurteilt sind: Wegen der Erdkrümmung verzerren unsere Karten die Wirklichkeit. In unseren Darstellungen der beiden Halbkugeln können wir es einrichten, daß die Entfernungen vom Zentrum zutreffen, aber dann werden die Umfänge konzentrischer Kreise mit zunehmender Entfernung vom Mittelpunkt immer gedehnter. Die (positive) Krümmung der Erdoberfläche führt nämlich zu Kreisen, die kleiner ausfallen, als die entsprechenden Kreise auf unserer ebenen Karte vermuten lassen. Dort werden diese Kreise immer größer. In Wirklichkeit freilich werden die Kreise auf der Erde solange größer, bis ein Maximum – ein Großkreis (entsprechend dem Randkreis auf der Karte) – erreicht ist, dann schrumpfen sie bis in den Antipodenpunkt hinein.

Hätte der Raum eine feste positive Krümmung im Riemannschen Sinn, würden sich die „Lichterkreise" unseres Gedankenexperiments genauso verhalten. Sie würden anfangs immer länger werden, wenn dies auch *weniger rasch* als im flachen euklidischen Raum geschehen würde, und schließlich am Rand unseres Universumteils einen größten Umfang erreichen. Anschließend würden sie immer kleiner werden und sich auf einen Punkt am „entgegengesetzten Ende“ des Weltalls zusammenziehen. Der ist in unserer Karte der Mittelpunkt der rechten Kugel – unser „Antipodenpunkt“ im Universum. Das wäre der von uns am weitesten entfernte Punkt des Weltalls. Wenn wir in einem Raumschiff in beliebiger Richtung beständig „geradeaus“ fliegen würden, kämen wir schließlich am Antipodenpunkt an. Würden wir unsere Reise über diesen Punkt hinaus fortsetzen, kämen wir am Ende zu unserem Ausgangspunkt zurück.

Eine Eigenschaft dieses Weltallmodells, die Riemann besonders zugesagt hat, besteht darin, daß es das uralte Problem des „Weltallrandes“ löst. Einige Philosophen hatten spekuliert, das Universum habe eine unendliche Ausdehnung – in alle Richtungen würde es immer weitergehen. Von Platon und Aristoteles bis hin zu Newton und Leibniz wurde diese Theorie von vielen Gelehrten, die solche Fragen ernsthaft erwägten, aufgegriffen und dann als unplausibel verworfen. Die Alternative erschien allerdings gleich zweifelhaft: Falls es nicht immer weiterginge, dann hätte das Weltall – wie eine flache Erde – irgendwo ein Ende, und was käme dann?

Riemanns Modell löste das Paradoxon auf, das seine Wurzeln in der Annahme hat, das Universum sei flach oder euklidisch. Ist es dagegen positiv gekrümmt und riemannsch, kann es in der Ausdehnung endlich sein und dennoch keine „Kante“ oder keinen „Rand“ haben. In Riemanns Modell sehen alle Teile des Weltalls gleich aus, sofern es sich um Formen und Messungen handelt.

Als Riemann zum ersten Mal dieses Bild als mögliche Beschreibung der realen Welt vorlegte, schien es wohl wenig mehr als die Ausgeburt einer überaus fruchtbaren Phantasie zu sein. Noch heute – anderthalb Jahrhunderte später – müssen wir mit unserer Vorstellungskraft bis an die Grenzen gehen, um Riemanns Vision einzufangen.

Nach einer oft zitierten Geschichte über David Hilbert bemerkte dieser eines Tages, daß irgendein Student nicht mehr zur Vorlesung erschien. Als ihm zugetragen wurde, der Student habe die Mathematik aufgegeben und wolle Dichter werden, meinte Hilbert: „Ja, ja, Herr ... hatte schon immer wenig Phantasie.“

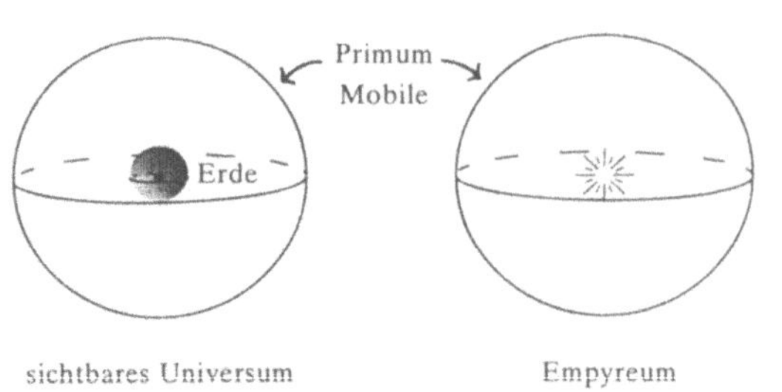

Bild 5.6 Dantes Universum

In einem seltenen Zusammentreffen poetischer und mathematischer Imagination kam der Dichter Dante zu einer Sicht des Universums, die der Riemannschen auffallend ähnelt. In der *Göttlichen Komödie** beschreibt Dante ein Universum aus zwei Teilen. Ein Teil hat sein Zentrum in der Erde, die von immer größeren Sphären umgeben ist, auf denen sich die Sonne, der Mond, die aufeinanderfolgenden Planeten sowie die Fixsterne bewegen. Die äußere Sphäre, die das gesamte sichtbare Universum begrenzt, heißt *Primum Mobile*. Was jenseits davon liegt, ist das „Empyreum", das Dante als eine weitere Kugel schildert, in der verschiedene Ordnungen von Engeln auf konzentrischen Sphären um einen blendenden Lichtpunkt* kreisen.

Der Dichter wird von Beatrice von der Erdoberfläche durch die verschiedenen Sphären des sichtbaren Universums hindurch bis hinauf zum *Primum Mobile* geführt. Von dort aus blickt er *in* die Sphäre des Empyreums. Nichts deutet darauf hin, daß er dazu auf dem *Primum Mobile* eine besondere Stelle aufsuchen mußte; vermutlich hat man dort überall freie Sicht ins Empyreum. Anders ausgedrückt: Wir haben uns das Empyreum als etwas vorzustellen, das das sichtbare Universum gleichzeitig umgibt und daran grenzt (Bild 5.6). Ist das so, dann stimmen das Dantesche und das Riemannsche Universum überein*, der Unterschied liegt nur in der Bezeichnung.

Riemanns Vision ist natürlich „wissenschaftlicher" als Dantes, indem sie nicht nur qualitativ, sondern auch quantitativ ist – Riemann gibt Formeln an, mit denen man die Fläche konzentrischer Kugeln, den Umfang von Kreisen usw. ausrechnen kann.

Die Gestalt des Dante-Riemann-Universums ist etwas, das die Mathematiker als *sphärischen Raum* oder *Hypersphäre** bezeichnen. Vergleichbar einer gewöhnlichen Kugel – nur von höherer Dimension. Die Analogien sind offenbar: Konzentrische Kreise auf der gewöhnlichen Kugel werden anfangs größer, erreichen eine maximale Größe und werden dann kleiner. Auf der Hypersphäre beginnen konzentrische (gewöhnliche) *Kugeln* damit, größer zu werden, sie erreichen eine maximale Größe und kontrahieren dann wieder. Auf der Sphäre wie der Hypersphäre kommt man, falls man in einem beliebigen Punkt in eine beliebige Richtung aufbricht und immer „geradeaus" fortschreitet, schließlich in den Ausgangspunkt zurück. Zudem ist die zurückgelegte Strecke dieselbe, welchen Ausgangspunkt und welche Richtung man auch wählt.

Es gibt Sphären und Hypersphären beliebiger Größe; sie sind durch die Gesamtlänge einer Umrundung festgelegt. Diese bestimmt auch die Krümmung: je länger die Umrundungsstrecke, desto kleiner die Krümmung und desto euklidischer die Geometrie.

Riemanns Konzept eines sphärischen Raums bildet zusammen mit seinem Vorschlag, ein solcher Raum könnte die tatsächliche Form unseres Universums beschreiben, in der Wissenschaftsgeschichte die originellste und radikalste Abkehr vom Standardweltbild. Max Born*, ein führender Physiker des 20. Jahrhunderts, sagte einmal: „Dieser Vorschlag eines endlichen, aber unbegrenzten Raums ist eine der größten je produzierten Ideen über die Natur der Welt." Komischerweise schrieb Born diese Idee Einstein zu, weil Einstein Riemanns sphärischen Raum neben zwei weiteren grundlegenden Riemannschen Gedanken in sein kosmologisches Werk einbaute. Bei ihnen handelt es sich um die Krümmung des Raums und die Beschreibung eines gekrümmten Raums von vier Dimensionen. Riemann erfand sowohl all diese Konzepte als auch eine wichtige Alternative zum sphärischen Raum: den für moderne Kosmologen gleich interessanten „hyperbolischen Raum"; und das alles noch in seinen Zwanzigern. Er präsentierte sie 1854 im Alter von 28 Jahren in Göttingen. Seinen [Habilitations-]Vortrag sehen wir heute, in der Rückschau, deutlich als Geburtsstunde der modernen Kosmologie an.

Wie sich herausstellte, fehlte Riemann zu einem vollständigen Bild des Universums noch ein wesentliches Element. Darauf hatte die Welt wegen der [späten] Geburt von Albert Einstein ein weiteres halbes Jahrhundert zu warten.

Der Weg von Riemann zu Einstein war alles andere als direkt. Die ersten Schritte wurden noch von Riemann selbst unternommen. Schon im Alter von Anfang zwanzig stellte sich Riemann selbst die Aufgabe, eine einheitliche mathematische Theorie zu entwickeln, die die Elektrizität, den Magnetismus, das Licht und die Gravitation miteinander verbindet. Die bloße Vorstellung so einer „einheitlichen Feldtheorie" war dieser Zeit so weit voraus, daß man sich noch ein Jahrhundert später über Einstein lustig machte, weil er seine späteren Jahre einer vergeblichen Suche nach ihr widmete.

Wir werden nie wissen, welchen Weg Riemanns Ideen genommen hätten, wäre ihm eine normale Lebenszeit vergönnt gewesen. Wie Mozart und Schubert zuvor verstarb er leider vor seinem vierzigsten Geburtstag. In seinem letzten Lebensjahr erschien ein Artikel, der unser Verständnis der physikalischen Phänomene revolutionieren sollte, die sich Riemanns größten Bemühungen entzogen hatten. Diese Arbeit verwirklichte einen entscheidenden Teil seiner Vision einer Vereinheitlichung und sollte sich als ein wichtiges Bindeglied zwischen Riemann und Einstein erweisen. Die dramatischen Umstände dieser Entdeckungen sind Gegenstand der folgenden Episode unserer Geschichte.

Kapitel 6
Das unsichtbare Universum

WAS FÜR LEUTE SIND BLOSS DIE DICHTER, DIE DEN JUPITER BESINGEN KÖNNEN, SOLANGE ER WIE EIN MENSCH IST, ABER VERSTUMMEN MÜSSEN, WENN ER EINE GEWALTIGE, SICH DREHENDE KUGEL AUS METHAN UND AMMONIAK IST.

—Richard Feynman

Im Gegensatz zu den Zeitmaßen Tag und Jahr, die natürlichen Phänomenen wie der Rotation der Erde um ihre eigene Achse und dem Umlauf der Erde um die Sonne entsprechen, hat der Begriff des Jahrhunderts keine physikalische Basis. Vielmehr leitet er sich von einem arithmetischen Sachverhalt ab, der auf einer anatomischen Zufälligkeit beruht. Hätten die Menschen vier Finger an der Hand, hätten wir zweifellos ein Zahlensystem mit der Basis 8 statt der Basis 10 entwickelt, was zu einer Zeiteinteilung in Oktaden statt Dekaden und Intervallen von 8 Oktaden – oder 64 Jahren – statt Jahrhunderten geführt hätte. Das auf die zehn Finger zurückgehende Dezimalsystem und die aus ihm folgende Einordnung der Jahre in Jahrzehnte*, Jahrhunderte und Jahrtausende, die wir mit Etiketten versehen – wir sprechen von den „Roaring Twenties", den „Goldenen Fünfzigern" oder den turbulenten Sechzigern –, ist so bequem als Organisationsprinzip, daß wir die Beliebigkeit der Einteilung aus dem Auge verlieren. (Die Kultur der „Sechziger", sofern es eine solche überhaupt gab, umfaßte eigentlich eher die acht Jahre von 1964 bis 1972.) So fürchten sich die Leute davor, vierzig (dreißig oder fünfzig) zu werden, weil sie einer speziellen Zahl eine Bedeutung zumessen, nur weil sie ein Vielfaches von zehn ist*.

Entgegen diesen Ausführungen hatte die Wissenschaft des 19. Jahrhunderts einen unverwechselbaren Charakter und spielte eine Schlüsselrolle bei unseren Versuchen, das Weltall zu „sehen" und zu verstehen. Zwei entscheidende Ereignisse im Jahr 1800* bestimmten für große Teile der Wissenschaft das Forschungsprogramm dieses Jahrhunderts. Das erste war die Entdeckung der Infrarotstrahlung durch den herausragenden Astronomen Sir William Herschel, der 1801 die Entdeckung der Ultraviolettstrahlen durch Johann Wilhelm Ritter folgte. Dadurch gewannen die Wissenschaftler eine völlig neue Sicht der Natur des Lichts. Sie erkannten, daß das sichtbare Licht von Strahlung anderer Arten eingerahmt ist, die ebenso real ist, aber wegen ihrer Unsichtbarkeit unserem Bewußtsein vorher entgangen war.

Das zweite größere wissenschaftliche Ereignis von 1800 war die Erfindung der „Voltaschen Säule" – des Vorläufers aller elektrischen Batterien – durch Alessandro Volta. Zum erstenmal stand den Wissenschaftlern eine verläßliche Stromquelle zur Verfügung, mit der sie einfache Experimente durchführen konnten. Bald wurde der elektrische Strom verwendet, um Wasser in seine Bestandteile zu zerlegen, die sich unerwartet als ein Paar von Gasen – Wasserstoff und Sauerstoff – ergaben. Allerdings war der Fortschritt zermürbend langsam und das Verstehen der Natur und der Eigenschaften der Elektrizität ein langwieriger Prozess. Erst gegen Ende des Jahrhunderts wurden so praktische Dinge wie das elektrische Licht Realität. Damals wurden auch weitere Entdeckungen gemacht, die die Naturwissenschaft und Technik des zwanzigsten Jahrhunderts in die Wege leiteten. 1888 verwendete Heinrich Hertz elektrische Entladungen, um eine neue Art Strahlung zu erzeugen, die später „Radiowellen" genannt wurde. Es folgten überraschende Anwendungen in der Form „drahtloser" Kommunikation über große Entfernungen. Die seltsamste und überraschendste Entdeckung war zweifellos die der Röntgenstrahlen, die 1895 von Wilhelm Röntgen gefunden wurden. Beim Experimentieren mit elektrischen Strömen durch das Vakuum in einer Glasröhre bemerkte er, daß eine gewisse Strahlung nicht nur durch das Glas, sondern auch durch normalerweise undurchsichtiges Material drang. Die Zeitgenossen sahen erschreckt und erstaunt auf Bilder, die – bei voller Bekleidung aufgenommen – die inneren Organe als verwaschene und die Knochen als scharfe Schatten zeigten Röntgen und andere erkannten rasch den Wert der Röntgenstrahlen für die Medizin, und um 1900 waren sie weitverbreitet im Einsatz. Die Entdeckung brachte Röntgen den ersten Nobelpreis für Physik ein.

Noch erstaunlicher als die Entdeckungen mag die Tatsache erscheinen, daß sowohl die Röntgenstrahlen als auch die Radiowellen mathematisch längst „entdeckt" waren, als sie als physikalische Realitäten beobachtet wurden. Die Radiowellen waren tatsächlich vorausgesagt worden, bevor sich Hertz daran machte, ihre Existenz experimentell nachzuweisen.

Das Verdienst für diese revolutionären Entdeckungen gebührt James Clerk Maxwell (Bild 6.1), der zur Jahrhundertmitte alle Hauptforschungsgebiete der Physik bearbeitete: Gase, Flüssigkeiten, Elektrizität, Magnetismus, Optik usw. Er verband eine starke physikalische Intuition mit einer außergewöhnlichen mathematischen Fähigkeit, endgültige Gleichungen zur Beschreibung einer Fülle physikalischer Phänomene aufzustellen. Seine bekannteste Leistung war die Integration von Elektrizität und Magnetismus in einem einzigen Gleichungssystem.

Die Maxwellschen Gleichungen* schienen das fast unheimliche Vermögen zu haben, alle elektrischen und magnetischen Phänomene zu erfassen; sie glichen darin den Newtonschen Gleichungen, die zweihundert Jahre vorher Entsprechendes für die Planetenbewegung und Mechanik geleistet hatten. Die Maxwellschen Gleichungen hatten auch das Potential, neue und unvorhergesehene Phänomene vorauszusagen. Das bedeutendste davon war das Konzept einer „elektromagnetischen Welle", die aus sich mit hoher Geschwindigkeit fortpflanzenden elektrischen und magnetischen Schwingungen besteht. Maxwell war imstande, ihre Fortpflanzungsgeschwindigkeit mit Hilfe experimentell bestimmter Größen aus den Bereichen Elektrizität und Magnetismus zu berechnen; das Resultat kam dem bekannten Wert der Lichtgeschwindigkeit sehr nahe. Im Endeffekt verwirklichte Maxwell als Nebenprodukt seiner Suche nach einer einheitlichen Theorie der Elektrizität und des Magnetismus unbeabsichtigt einen Teil von Riemanns Plan, die Theorie des Lichts mit den anderen beiden Phänomenen zu verbinden: Licht, so seine Entdeckung, war selbst eine Form der elektromagnetischen Strah-

Bild 6.1 James Clerk Maxwell mit seiner Frau Katherine Mary Dewar, einige Jahre vor seinem vorzeitigen Tod im Alter von 48 Jahren (University of Cambridge, Cavendish Laboratory)

lung. Darüber hinaus schloß Maxwell, daß es andere elektromagnetischen Wellen geben müsse, die sich mit derselben Geschwindigkeit fortpflanzen, aber mit anderen Frequenzen schwingen sollten. Zwanzig Jahre später wurde seine Voraussage experimentell von Heinrich Hertz bestätigt, der die fast magische Fähigkeit der Maxwellschen Gleichungen, neue physikalische Phänomene vorauszusagen, mit den Worten pries: „Man kann sich des Eindrucks nicht erwehren, daß diese mathematischen Gleichungen eine unabhängige Existenz und Vernunft haben, daß sie klüger sind als wir selbst, klüger gar als ihre Entdecker, daß wir aus ihnen mehr herausholen, als ursprünglich in sie hineingelegt worden ist."[1] Maxwells eigene Bewertung seiner Arbeit fiel in einem Brief, den er bereits 1865 schrieb, lakonischer aus: „Ich habe auch einen Artikel in Arbeit, der eine elektromagnetische Theorie des Lichts enthält, die ich bis zum Beweis des Gegenteils für großes Geschütz* halte."

Weder Maxwell noch Hertz oder sonst jemand damals hätte sich träumen lassen, daß aus diesen paar Gleichungen die künftige Radio-, Fernseh- und Radar-Industrie, zusammen mit zahllosen anderen wissenschaftlichen und technischen Anwendungen, erwachsen würde.

Die Röntgenstrahlen sind auch, so wurde erkannt, eine Art elektromagnetische Wellen. Mit der Zeit lernten die Wissenschaftler, wie man auch noch andere Formen elektromagnetischer Wellen, wie Mikrowellen und Gammastrahlen, erzeugt. Aber am überraschendsten von allem war vielleicht die Entdeckung im 20. Jahrhundert, daß uns alle diese Formen elektromagnetischer Wellen tatsächlich die ganze Zeit umgeben und bombardiert hatten – sie waren, aus dem Weltall kommend, in die Erdatmosphäre eingedrungen. Durch eine Laune der Physiologie wird von uns nur ein winziger Bruchteil dieser Wellen als sichtbares Licht wahrgenommen; der Rest erfordert spezielle Instrumente, um ihn zu registrieren und in eine Form umzuwandeln, die wir sehen oder hören können.

Vor fünfzig Jahren läutete Grote Reber mit der Veröffentlichung eines Artikels mit dem Titel „Cosmic Static" [Kosmisches Rauschen] eine neue Ära der Astronomie* ein. Reber hatte in seinem Hinterhof in Wheaton, Illinois* ein selbstgebasteltes Radioteleskop aufgestellt und eine „Höhenlinien-Karte" des von dieser Position aus sichtbaren Himmelsteils angefertigt. Sie basierte auf der Stärke des „kosmischen Rauschens" – das heißt der Radiowellen aus dem Weltall.

Die Astronomiegeschichte der zweiten Hälfte des 20. Jahrhunderts ist mit der Entwicklung neuer Teleskope und Instrumente zum „Sehen" von Infrarot-, Ultraviolett-, Röntgen- und Mikrowellenstrahlung sowie aller anderen Formen von Strahlung verknüpft, die uns eine gänzlich

---

[1] Anm. d. Übers.: Rückübersetzung aus dem Englischen

neue Ansicht des Universums gewähren. Objekte, die uns seit langem im Sichtbaren vertraut sind, bieten in Infrarot- und anderen Teleskopen völlig neue Ansichten. Ein Astronom würde sich heute blind fühlen, wenn seine Beobachtung einer Galaxie, eines Quasars, eines schwarzen Lochs oder eines anderen Objekts in den Tiefen des Weltalls auf den sichtbaren Bereich beschränkt wäre. Es wurden dramatische Entdeckungen von Radio- und Röntgenquellen am Himmel gemacht, denen kein bekanntes Objekt im sichtbaren Teil des Spektrums entspricht. Ein umfassendes Bild eines Himmelsobjekts erfordert Aufnahmen aus einem möglichst breiten Wellenlängenbereich des Spektrums.

Sehen und Beobachten sind freilich nur die ersten Schritte zu einem Verstehen. Die Menschheit beobachtete über Jahrtausende die Milchstraße, bevor sie erkannte, daß das, was wir sehen, eine Seitenansicht eines gigantischen rotierenden Wirbels aus Milliarden von Sternen ist, von denen jeder in der Helligkeit der Sonne vergleichbar ist. Um zu einem umfassenden Bild des Universums zu gelangen, müssen wir noch den geometrischen Rahmen bereitstellen, der uns die Fülle der Beobachtungen einzuordnen und zu interpretieren erlaubt, die von den Entdeckungen des 19. und der Technologie des 20. Jahrhunderts möglich gemacht wurden.

Kapitel 7
Blick zurück: Das beobachtbare Universum

DIE WELT DER IDEEN, DIE SIE OFFENBART UND ERHELLT, DIE SCHAU GÖTTLICHER SCHÖNHEIT, DIE SIE GEWÄHRT, DIE HARMONISCHE VERBINDUNG IHRER TEILE, DIE UNENDLICHE HIERARCHIE UND DIE ABSOLUTE EVIDENZ DER WAHRHEITEN, MIT DENEN SIE BEFASST IST: DIES UND DERGLEICHEN BILDEN DIE SICHERSTE GRUNDLAGE FÜR DEN ANSPRUCH DER MATHEMATIK AUF MENSCHLICHE HOCHACHTUNG. DAS BLIEBE ALLES UNANGEFOCHTEN UND UNGESCHMÄLERT, WÜRDE DER PLAN DES UNIVERSUMS WIE EINE KARTE ZU UNSEREN FÜSSEN AUSGELEGT UND WÄRE DER GEIST DES MENSCHEN IMSTANDE, DEN GANZEN SCHÖPFUNGSPLAN ZU ERFASSEN.

—J. J. Sylvester,
Mathematiker aus dem 19. Jahrhundert

Für Dante, die frühen und eigentlich auch die neuzeitlichen Kulturen bis vor nicht allzu langer Zeit waren die Sterne auf der Himmelssphäre wie Juwelen an der Decke eines Tempels verteilt. Drei tiefe Einsichten revolutionierten unsere Deutung von dem, was wir in einer sternklaren Nacht beim Blick nach oben sehen.

Zuerst erkannte man, daß die Sterne eines Sternbilds wie des großen Bären nicht einfach auf einer Fläche ausgelegt sind, sondern sich in völlig verschiedenen Entfernungen von der Erde befinden. Die Figuren, die wir aus ihnen in unserer Vorstellung bilden, erscheinen wie die auf eine Kulisse gemalte Skyline einer Stadt, in Wirklichkeit aber sind die Sterne im dreidimensionalen Raum verteilt. Sie würden einem Beobachter im Weltall oder auf einem anderen Stern unserer Galaxis einen ganz anderen Anblick bieten. Die „Zwillinge" Kastor und Pollux beispielsweise erscheinen – mit ihrer fast gleichen Helligkeit – von der Erde aus als

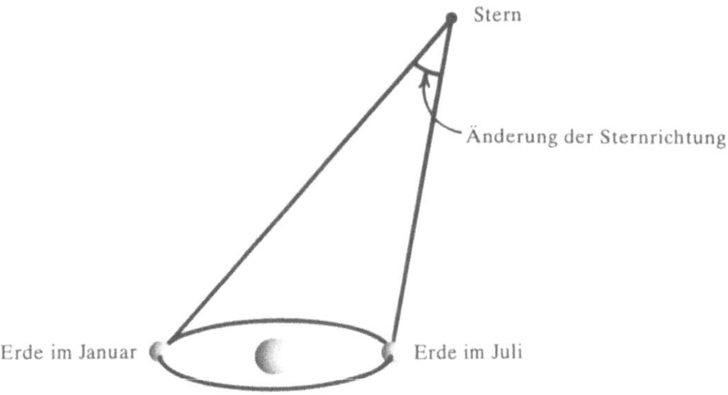

Bild 7.1 Die Änderung der wahrgenommenen Richtung eines Sterns und ihre Ausnutzung zur Berechnung seiner Entfernung von der Erde (Die Richtungsänderung ist im Bild stark übertrieben dargestellt)

„Zwillingssterne", tatsächlich ist aber Kastor viel weiter als Pollux entfernt und scheint nur deshalb gleich hell, weil er doppelt so leuchtstark ist.

Die Vorstellung, die Sterne könnten sich in unterschiedlichen Entfernungen von der Erde befinden, ist schon alt. Die tatsächlichen Entfernungen stellten sich jedoch als so riesig heraus, daß es keine Möglichkeit gab, die Variation in der Sternentfernung zu verifizieren geschweige denn zu messen, ehe die astronomischen Instrumente einen gewissen Stand der Präzision erreicht hatten. Erst 1838 vermochte der Astronom und Mathematiker Friedrich Wilhelm Bessel die scheinbare Verschiebung eines relativ erdnahen Sterns vor dem Hintergrund entfernterer Sterne zu registrieren, während sich die Erde in sechs Monaten von der einen Seite der Umlaufbahn um die Sonne zur anderen Seite begab (Bild 7.1). Mit der Größe der Umlaufbahn war es unter Anwendung der Ähnlichkeitssätze einfach, die Sternentfernung abzuschätzen.

Die zweite wesentliche Einsicht war, daß wegen der Unterschiede in der Entfernung und wegen der endlichen Lichtgeschwindigkeit das Licht, das wir von den Sternen sehen, zu verschiedenen Zeitpunkten in der Vergangenheit entstand: Der Blick ins All hinaus und der Blick in die Vergangenheit sind ein und dasselbe. Je entfernter ein Stern ist, desto weiter sehen wir in die Vergangenheit zurück. Die Sternentfernungen sind im Vergleich zu irdischen Distanzen so gewaltig, daß die Verwendung von Meilen und Kilometern unhandlich wäre: Selbst „nahe“ Sterne sind Hunderte von Billionen Kilometern entfernt. Bequemer gibt man Sternentfernungen in Lichtjahren an, der vom Licht in einem Jahr zurückgelegten Strecke. So sagt man, der nächste Stern habe von der Erde eine Entfernung von 4 Lichtjahren. Ein Lichtjahr beträgt etwa 10 Billionen Kilometer.

Erst im 20. Jahrhundert wurde die dritte und am wenigsten erwartete Entdeckung gemacht. Es stellte sich heraus, daß das Universum nicht statisch ist, wie man immer angenommen hatte, sondern sich in einem Zustand schneller Expansion befindet.

Ein merkwürdiges Gegenstück zur Entdeckung der Expansion des Weltalls ist die 1912, einige Jahre zuvor, von dem deutschen Meteorologen Alfred Wegener vorgelegte Theorie, daß die Geographie der Erde ebenfalls einem ständigen Wandel unterliege, den er als „Kontinentalverschiebung“ bezeichnete. Lange nachdem die Expansion des Weltalls allgemein akzeptiert war, wurde Wegeners Theorie immer noch belächelt. Erst in den 1960ern, über dreißig Jahre nach seinem Tod, wurde die Kontinentalverschiebung mitsamt ihrem Mechanismus dokumentiert und gemessen.

Die Entdeckung der Weltallexpansion wird oft Edwin Hubble zugeschrieben*, der 1929 den durch Beobachtung gewonnenen Befund vorlegte, daß sich entfernte Galaxien mit Geschwindigkeiten proportional zu ihrer Entfernung von uns wegzubewegen scheinen. Aber die wirkliche Geschichte dieser Entdeckung ist ganz anders und weit interessanter. Sie handelt von dem wunderbaren Wechselspiel von Theorie und Beobachtung*, das in den zwölf Jahren von 1917 bis 1929 stattgefunden hat. Die ersten Hinweise auf eine Expansion des Alls* sind in zwei theoretischen Artikeln zur Kosmologie enthalten, die 1917 von Albert Einstein und dem holländischen Astronomen Willem de Sitter* veröffentlicht wurden. Die Artikel beruhten auf Einsteins allgemeiner Relativitätstheorie, die 1915, zwei Jahre vorher, aufgestellt worden war. Einstein hatte ein System von Gleichungen niedergeschrieben, die die Wirkungsweise der Gravitation beschreiben; und er hatte beim Versuch, diese Gleichungen auf das gesamte Universum anzuwenden, ihre Unvereinbarkeit mit einem statischen Universum entdeckt. Nachdem es keine Anzeichen für ein nicht-statisches Universum gab, fügte Einstein seinen Gleichungen einen Extraterm hinzu, der ihm eine Lösung der Gleichungen zu finden erlaubte, die ein zeitunabhängiges Modell des Universums darstellt. De Sitter fand eine andersgeartete Lösung der Einsteinschen Gleichungen; ein Aspekt seiner Lösung bestand darin, daß sich entfernte Galaxien so darstellen, als würden sie mit einer mit der Entfernung zunehmenden Rate entfliehen. (Hubble erkannte in einem an de Sitter gerichteten Brief von 1930 die Schlüsselrolle von dessen theoretischem Werk an: „Die Möglichkeit einer Geschwindigkeits-Entfernungs-Beziehung für die Nebel hat jahrelang in der Luft gelegen – Sie haben, soviel ich weiß, als erster darauf hingewiesen.")

Zwischen 1917 und 1929 brachte eine Reihe theoretischer und durch Beobachtung erzielter Fortschritte einen Meinungsumschwung zugunsten eines expandierenden Weltalls. Eine Schlüsselfigur war dabei Vesto M. Slipher, der bereits 1912 ein Programm zur Messung der Galaxiengeschwindigkeiten begonnen hatte. 1922 hatte er eine Liste von 41 Galaxien zusammengetragen; mit Ausnahme einer Handvoll nahegelegener Galaxien schienen sie sich alle von unserer Galaxis wegzubewegen.

Im selben Jahr fand Alexander Friedmann*, ein brillanter russischer Wissenschaftler, eine Lösung von Einsteins ursprünglichen Gleichungen – ohne den zusätzlichen Term, den Einstein eingeführt hatte, um das Universum an der Expansion zu hindern –, nach der das Weltall Phasen der Expansion und Kontraktion durchläuft. Im folgenden Jahr fand Hermann Weyl* – der führende deutsche Mathematiker dieser Zeit – einen neuen Zugang zur Kosmologie, wobei ihn die Relativitätstheorie unmittelbar zu einer Beziehung führte, aus der die Flucht der Galaxien mit Geschwindigkeiten folgte, die mit der Entfernung zunahmen.

Das fehlende Glied in all diesen Diskussionen war eine verläßliche Methode, die Entfernung weit entfernter Galaxien zu bestimmen. Diesem Problem hatte Hubble in den 1920ern einen großen Teil seiner Arbeitskraft gewidmet. Er arbeitete am besten Instrument der Zeit, dem 100-Zoll-Teleskop am Mount Wilson in Kalifornien. Er machte zunächst 1923 eine größere Entdeckung, als er im Andromeda-Nebel einen Stern eines besonders wichtigen Typs identifizierte, der als Cepheid-

Veränderliche bekannt ist. Die Cepheid-Veränderlichen gehörten damals zu den verläßlichsten Indikatoren astronomischer Entfernung. Hubbles Entdeckung von 1923 diente zugleich als erster Schritt zur Lösung des Problems der Weltallexpansion und als entscheidender Hinweis zur Beilegung der noch fundamentaleren Frage: Was sind die Bausteine des Universums? Fast im ganzen vorausgegangenen Jahrzehnt hatte es eine große Kontroverse über die Größe unserer Galaxis sowie darüber gegeben, ob diese das gesamte beobachtbare Universum umfaßt. Im Brennpunkt der Debatte standen die undeutlichen Lichtflecken, die als „Nebel" bekannt waren und in zunehmender Zahl entdeckt worden waren, als die Teleskope immer besser wurden. Sowohl die Größe unserer Galaxis als auch die Entfernungen dieser Nebel waren äußerst schwierig zu bestimmen, und es blieb offen, ob all die Nebel in unserer Galaxis untergebracht sind oder ob sich einige davon in großen Entfernungen befinden und „Welteninseln" aus Sternen, also selbst Galaxien, bilden. Vor 1918 unterschätzten die Astronomen stark die Größe unserer Milchstraße. Harlow Shapley* meldete 1918 als erster, daß unsere Milchstraße einige hundertmal größer sei, als zuvor angenommen; seine Gedanken über die ungefähre Größe und Gestalt der Galaxis sind seitdem bestätigt und allgemein angenommen worden. Aber sein tatsächlicher Erfolg bei den Mysterien unserer Galaxis führte Shapley in der Frage der externen Galaxien in die Irre. Er glaubte das Beweismaterial auf der Seite derer, für die alle Nebel innerhalb des Bereichs unserer Milchstraße liegen oder, anders ausgedrückt, unsere Galaxis das ganze Universum ausmacht.

So wurde es für eine Weile noch schwieriger, mit der Frage der Expansion des Weltalls fertig zu werden – man hatte ja nicht einmal eine rechte Kenntnis der Natur dieses Weltalls. Als Hubble 1923 den „Andromeda-Nebel" weit außerhalb der Milchstraße plazieren konnte, war die Sache erledigt. Das war auch eine wichtige Gelegenheit für Amateursterngucker, da der berühmte Lichtfleck im Sternbild Andromeda das erste (und einzige) Himmelsobjekt ist, das auf der nördlichen Hemisphäre mit dem bloßen Auge zu sehen ist und bei dem man nachweisen konnte, daß es außerhalb unserer Heimatgalaxie liegt.

Zwischen 1923 und 1929 stellte Hubble die Entfernungen von weiteren 23 Galaxien fest und erhielt für zusätzliche 21 Galaxien wahrscheinliche Schätzungen – wie er sich ausdrückte. Während dieser Zeit veröffentlichten zwei der führenden theoretischen Kosmologen – Georges Lemaître in Belgien und Howard Robertson* in den Vereinigten Staaten – Arbeiten, in denen sie zeigten, daß ein gemäß den Einsteinschen Gleichungen expandierendes Weltall die Eigenschaft zeigen sollte, daß entfernte Galaxien mit zu ihren Entfernungen proportionalen Geschwindigkeiten wegfliegen. Als Hubble für eine Zahl von Galaxien einen verhältnismäßig verläßlichen Satz von Entfernungen beisammen hatte, konnte er sie mit den bereits von Slipher und anderen gefundenen Geschwindigkeiten vergleichen. Er stellte damit die Geschwindigkeits-Entfernungs-Beziehung – heute als Hubblesches Gesetz bekannt – auf eine feste Grundlage.

Höchstwahrscheinlich hat seit Newtons Formulierung des Gravitationsgesetzes kein vergleichbar einfaches physikalisches Gesetz eine solche erstaunliche Reihe von Konsequenzen ausgelöst. Das Hubblesche Gesetz veränderte nicht nur radikal unser Verständnis der Entwicklung des Universums, sondern auch unsere Deutung von dem, was wir im Augenblick sehen. In der Tat sind diese beiden Dinge unlösbar miteinander verknüpft, indem das, was wir jetzt sehen, die Vergangenheit des Universums *ist.* Vielleicht brauchen wir einen Namen für das Ding, dessen schwer durchschaubare Geometrie wir beschreiben wollen. Wir wollen es das *Retroversum** nennen. Das ist der Teil des ganzen Universums, den wir beobachten, wenn wir von einem bestimmten Ort – der Erde – zu einer bestimmten Zeit hinaus- und gleichzeitig zurückschauen. Und wir „beobachten" mit allen uns zu Gebote stehenden Geräten im gesamten Spektrum: sichtbares Licht, Ultraviolett, Infrarot, Mikrowellen, Radiowellen, Röntgenstrahlen und Gammastrahlen. Die Frage lautet: Was ist die wahre Gestalt des von uns Beobachteten? Was ist die Geometrie des Retroversums?

Um diese Frage zu beantworten, müssen wir das Hubblesche Gesetz mehr im Detail untersuchen. Es sagt aus, daß sich entfernte Galaxien mit einer zu ihrer Entfernung ungefähr proportionalen Geschwindigkeit von uns fortbewegen.

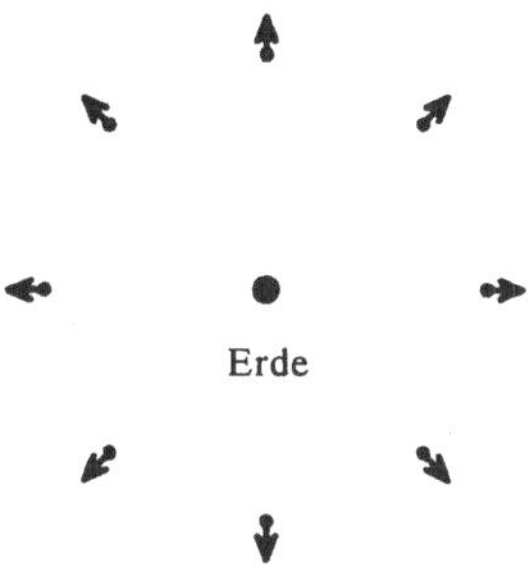

Bild 7.2 Galaxien in derselben Entfernung von der Erde – sie entfernen sich mit derselben Geschwindigkeit

Die Aussage des Hubbleschen Gesetzes läßt sich in drei Teile aufspalten:

1. Andere Galaxien entfernen sich von uns.
2. Die Rate, mit der sie sich entfernen, hängt von ihrer Entfernung ab.
3. Es besteht ein konstantes Verhältnis – die „Hubble-Konstante" – zwischen ihren Geschwindigkeiten und ihrer Entfernung von uns.

Um zu sehen, was die ersten beiden Aussagen in der Praxis bedeuten, denken Sie sich eine Anzahl von Galaxien, die alle, etwa gleich weit von uns entfernt, nahe dem Horizont gelegen sind (Bild 7.2). Nach der zweiten Aussage des Hubbleschen Gesetzes entfernen sie sich alle mit etwa derselben Geschwindigkeit.

Gemäß der dritten Aussage bewegen sich Galaxien, die zweimal so weit entfernt sind wie die ersten, doppelt so schnell weg wie jene (Bild 7.3).

Als unmittelbare Folge wächst auch der Abstand zwischen dem inneren und dem äußeren Galaxienring an, und zwar mit derselben Rate wie die Entfernung zwischen uns und dem inneren Ring. Wenn wir eine ganze Folge von Ringen mit jeweils gleichem Abstand nehmen, dann bewegen sich die aufeinanderfolgenden Ringe schneller fort als ihre jeweiligen Vorgänger, so daß die Zwischenräume alle mit derselben Rate anwachsen.

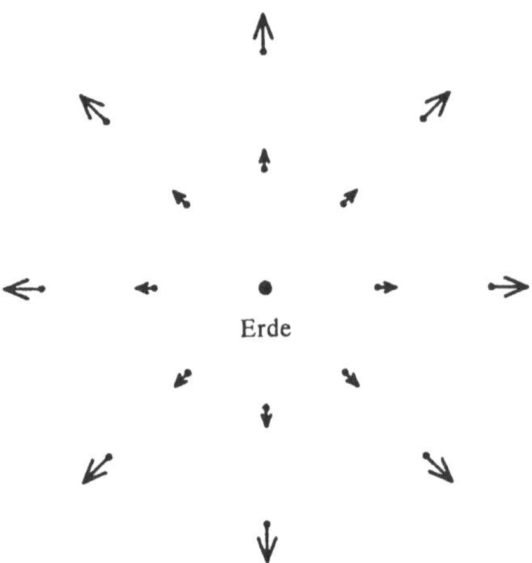

Bild 7.3 Ein zweiter Ring von Galaxien, die sich mit der doppelten Geschwindigkeit wie beim ersten Ring entfernen

Obwohl sich das Hubblesche Gesetz auf die Beziehung zwischen uns und den anderen Galaxien zu beschränken scheint, folgt aus diesem offenbar auch, daß sich die anderen Galaxien gegenseitig in derselben Weise voneinander entfernen. Mit anderen Worten: Beobachter auf einer anderen Galaxie würden bezüglich ihrer Heimatgalaxie zu demselben „Gesetz“ gelangen.

Am spannendsten ist, was uns das Hubblesche Gesetz dazu sagt, wie wir dorthin kamen, wo wir sind. Spielen Sie einfach das Hubble-Band rückwärts ab: Wenn die Entfernungen zwischen den Galaxien beim Blick in die Zukunft zunehmen, müssen sie abnehmen, wenn wir in der Zeit zurückgehen (Bild 7.4). Alle Ringe müssen in der Vergangenheit mehr in unserer Nähe gewesen sein; je weiter wir dabei hinaus- (oder in der Zeit zurück-)gehen, desto näher dürften sie uns gewesen sein.

1929 war das von Hubble vorgelegte Beweismaterial auf eine kleine Zahl relativ naher Galaxien beschränkt. Aber seit damals haben Tausende Beobachtungen die Messungen ausgedehnt und verbessert und das allgemeine Zutreffen der Geschwindigkeits-Entfernungs-Relation bestätigt. Nach den augenblicklich besten Schätzungen* bewegen sich die Galaxien in einer Entfernung von einer Milliarde Lichtjahren mit

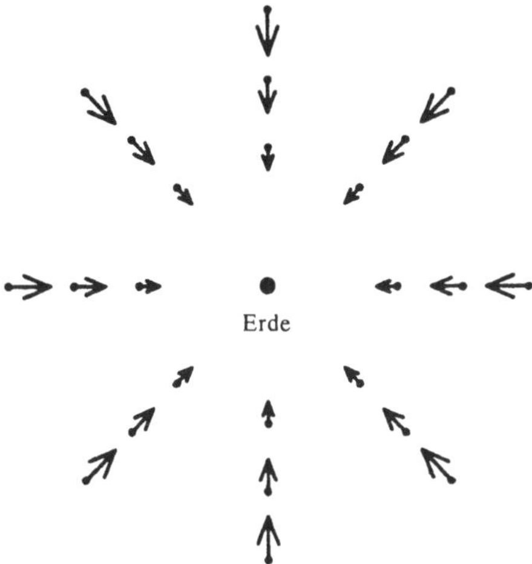

Bild 7.4 Wenn man in der Zeit zurückgeht, rücken die Galaxien zusammen.

einer Geschwindigkeit von etwa einem zwanzigstel Lichtjahr pro Jahr weg. Wenn wir für den Augenblick annehmen, daß sich diese Geschwindigkeit im Lauf der Zeit nicht geändert hat, müssen uns diese Galaxien in jedem Jahr der Vergangenheit ein zwanzigstel Lichtjahr näher gestanden haben. Um jetzt eine Milliarde Lichtjahre entfernt zu sein, müssen sie vor etwa zwanzig Milliarden Jahren am selben Punkt wie wir gestartet sein. Was die Galaxien in zwei Milliarden Lichtjahren Entfernung betrifft, so entfliehen sie mit der doppelten Geschwindigkeit, also einem zehntel Lichtjahr pro Jahr, und in der Vergangenheit waren sie uns jedes Jahr um diesen Betrag näher. Indem sie vor zwanzig Milliarden Jahren gestartet sind und jedes Jahr ein Zehntel eines Lichtjahres zurückgelegt haben, haben sie es auf ihre heutige Entfernung von zwei Milliarden Lichtjahren gebracht.

In dieser Weise führt die Tatsache, daß die Geschwindigkeit der Entfernung proportional ist, zu der – unumgänglichen wie bemerkenswerten – Folgerung, daß jede von uns beobachtbare Galaxie – unser ganzes Retroversum – vor etwa zwanzig Milliarden Jahren am selben Ort wie unsere Milchstraße gestartet ist. Oder: Wenn wir unser Universum mit den gegenwärtigen Positionen und Geschwindigkeiten – so gut wir sie

Bild 7.5 Jeder Galaxienring ist eine weitere Milliarde Lichtjahre weiter entfernt.

bestimmen können – rückwärts laufen lassen, finden wir, daß das Ganze etwa zwanzig Milliarden Jahre in der Vergangenheit kollabiert.

Einige Punkte in unserer Argumentation verdienen ein genaueres Eingehen; doch wollen wir zunächst noch sehen, welche weiteren Folgerungen sich aus dieser Analyse ergeben.

Erstens: *Nichts* ist weiter als zwanzig Milliarden Lichtjahre entfernt. Freilich sind zwanzig Milliarden eine große Zahl, aber sie ist entschieden endlich. Die uralte Frage, ob das Universum endlich oder unendlich ist, hat eine klare Antwort: Soweit das Hubblesche Gesetz zutrifft – und alle gegenwärtigen Indizien deuten darauf hin –, ist das Universum endlich, und wir haben eine explizite Grenze für seine Größe.

Natürlich verstehen wir unter „Universum" das beobachtbare Universum: das Retroversum. Es ist nicht einmal sicher, ob die Frage nach den Teilen sinnvoll ist, die irgendwo „da draußen", aber für uns unbeobachtbar sind. (Wir werden sie trotzdem im nächsten Kapitel aufwerfen.)

Zweitens: Sehen Sie bitte wieder auf unser Bild des Teils des Retroversums, der am Horizont liegt. Wir betrachten konzentrische Galaxienringe in Abständen von einer Milliarde Lichtjahren (Bild 7.5).

Was repräsentiert der äußere Ring in diesem Bild? Da nichts von uns Beobachtetes mehr als zwanzig Milliarden Lichtjahre entfernt sein kann, muß unser Bild genau zwanzig Ringe enthalten, und alles im äußeren Ring hat eine Entfernung von zwanzig Milliarden Lichtjahren. Das Licht und die andere Strahlung, die wir von ihm empfangen, wurde vor zwanzig Milliarden Jahren emittiert. Aber vor zwanzig Milliarden Jahren waren alle beobachtbaren Objekte in einem einzigen Punkt vereint. So muß der äußerste Kreis in unserem Bild einen einzigen Punkt im Universum darstellen.

Wir sind jetzt mit einem scheinbaren Paradoxon konfrontiert. Die Galaxienkreise werden in der Abbildung immer größer, je weiter sie von uns entfernt sind; dabei sollte der äußerste Kreis tatsächlich auf einen Punkt zusammengeschnurrt sein. Doch ist das Paradoxon nur scheinbar. Es entspringt aus der impliziten Annahme, daß das von uns gezeichnete Bild maßstäblich ist. Tatsächlich gibt das Bild die Entfernungen anderer Galaxien von unserer eigenen richtig wieder; das heißt, es ist entlang den Geraden vom Zentrum zum äußeren Rand maßstäblich gezeichnet. Auch die Richtungen zu den einzelnen Galaxien stimmen. Freilich sind die Entfernungen und Winkel nur bezüglich des Zentrums akkurat. Die Entfernungen zwischen zwei Galaxien weit draußen können stark verzerrt sein.

Diese Eigenschaften erinnern stark an die von uns angetroffene Situation, als wir versuchten, eine Karte der Erdoberfläche zu zeichnen. Das von uns entworfene Bild ist genau das, was wir in Kapitel 2 als eine „Exponentialabbildung“ oder „egozentrische“ Karte bezeichnet haben. Wie in der dort gezeigten Karte, wo der äußere Kreis einen einzigen Punkt auf der Erde – den Antipodenpunkt zu dem im Mittelpunkt der Karte – repräsentierte, so stellt auch hier der äußere Kreis auf unserer Galaxienkarte einen einzigen Punkt im Universum dar – den Punkt, in dem alles von uns Beobachtete vor 20 Milliarden Jahren konzentriert war. Das augenscheinliche Paradoxon ist aufgelöst, wenn die Scheibe des Universums, die wir zu Gesicht bekommen, wenn unser Blick den ganzen Horizont entlangwandert, eine Form hat, die zumindest schematisch eine Kugel ist. Da der Maßstab unserer „Karte“ längs Geraden durch das Zentrum korrekt ist, hat jeder Punkt auf dem Kreis, der vor dem äußersten liegt, eine feste Entfernung zu einem Punkt des äußersten Kreises. Aber der ganze äußere Kreis entspricht einem einzigen Punkt – dem in Bild 7.6 mit BB bezeichneten –, und offenbar entspricht der angrenzende Kreis allen Punkten in einer festen Entfernung von BB. In ähnlicher Weise entspricht der zweite Kreis – wenn wir vom äußersten Kreis nach innen zählen – allen Punkten in der doppelten Entfernung von BB.

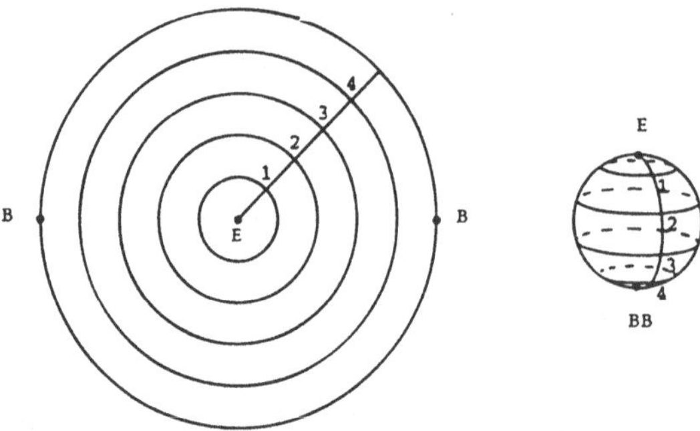

Bild 7.6 Galaxienringe auf einer egozentrischen Karte (links) und dieselben Ringe auf einer Kugel dargestellt (rechts)

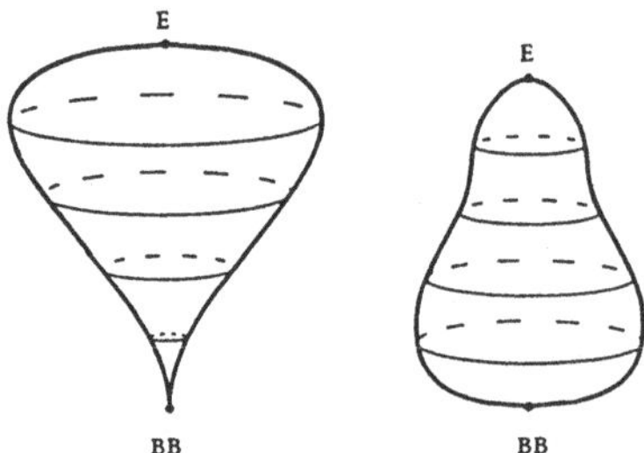

Bild 7.7 Rüben- und Birnenform als Alternativen zur Kugel

Die wahre Gestalt könnte auch eher einer Rübe oder Birne gleichen. Alle Anforderungen der egozentrischen Karte sind in den beiden Zeichnungen von Bild 7.7 genauso erfüllt: Wir haben keine direkte Möglichkeit, die genaue Gestalt in Erfahrung zu bringen*, da wir nur Entfernungen *von uns* aus messen können. Aber das allgemeine Bild ist offenbar.

Hier lauert noch ein Paradoxon. Nach dem Hubbleschen Gesetz bewegen sich die Punkte aufeinanderfolgender Galaxienkreise mit stetig zunehmender Geschwindigkeit von uns weg. Wie kann sich der äußere Kreis, der dem Punkt *BB* auf der Kugel entspricht, sowohl nach rechts als auch nach links wegbewegen?

Die Antwort ist einfach. Bei der Sphäre (Birne oder Rübe) dehnt sich die ganze Oberfläche wie ein Ballon auf. So wächst die Entfernung von uns (bei *E*) nach *BB in allen Richtungen* (Bild 7.8).

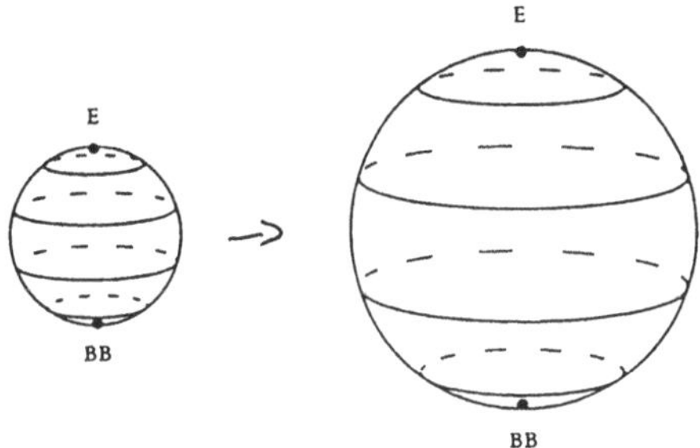

Bild 7.8 Der Blick zurück, heute und später

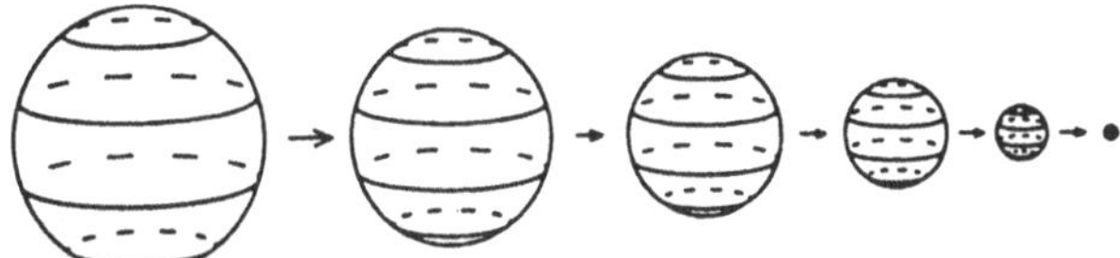

Bild 7.9 Die wechselnde Ansicht beim Zeitrücklauf

Wenn wir wiederum diese Bildfolge rückwärts laufen lassen, können wir einen schrumpfenden Ballon zeigen, der als Punkt endet (Bild 7.9).

Der Hauptpunkt dieser Geschichte: Was immer die genaue Gestalt dieser Retroversumscheibe sein mag, sie ist *nicht* flach oder euklidisch. Wäre sie es, wäre die von uns gezeichnete egozentrische Karte eine exakte maßstäbliche Darstellung der Wirklichkeit. In einem solchen Bild würden die konzentrischen Galaxienkreise jedoch immer größer, wohingegen sie im tatsächlichen Universum anfangs größer werden, aber dann zu schrumpfen beginnen und sich auf einen Punkt zusammenziehen. Dieses Verhalten ist ein sicheres Zeichen für eine positive Krümmung. Und so kommen wir zur letzten Station in unserer anfänglichen Runde von Folgerungen aus dem Hubbleschen Gesetz: Das Retroversum kann nicht euklidisch sein, sondern muß, zumindest an manchen Stellen, eine positive Krümmung im Riemannschen Sinne aufweisen.

Um ein Bild des gesamten Retroversums zu gewinnen, folgen wir der Argumentationslinie von vorher, blicken aber jetzt in alle Richtungen und nicht nur die horizontalen. Wir finden dann, daß sich alle Galaxien, die auf einer eine Milliarde Lichtjahre entfernten Sphäre liegen, von

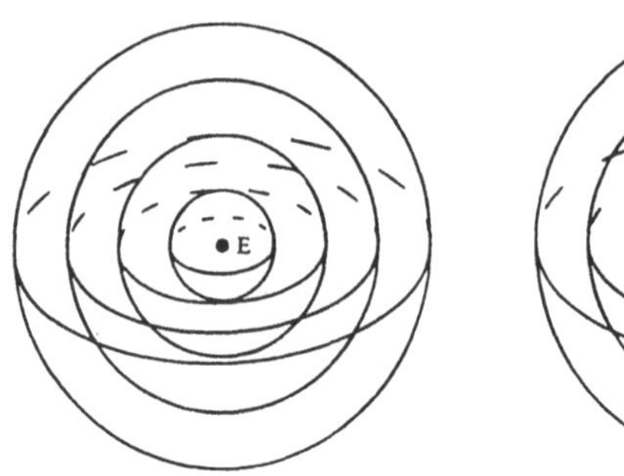

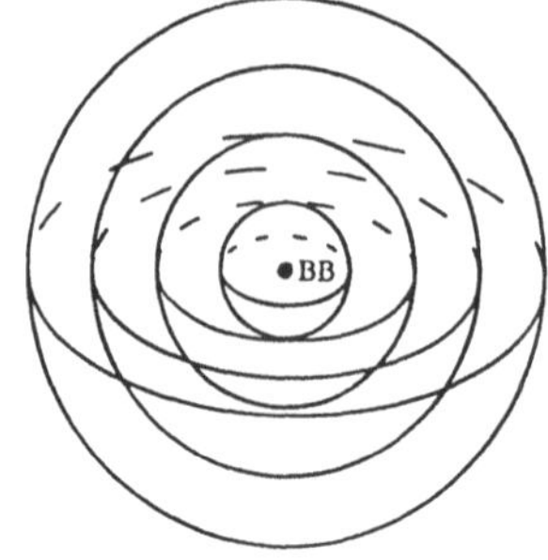

Bild 7.10 Das Retroversum als Hypersphäre

uns mit einer Geschwindigkeit von etwa einem zwanzigstel Lichtjahr pro Jahr zurückziehen. Die doppelt so weiten Galaxien entfliehen mit der doppelten Geschwindigkeit usw. Es folgt wie vorher – wenn wir unsere imaginäre Uhr rückwärts laufen lassen –, daß jede dieser Sphären mitsamt allem dazwischen zu einem bestimmten Zeitpunkt vor etwa 20 Milliarden Jahren in einen einzigen Punkt konvergiert. Was wir heute sehen – das Entweichen der Galaxien in alle Richtungen –, läßt sich als Nachwirkung einer gigantischen Explosion unvorstellbaren Ausmaßes deuten: des legendären Big Bang oder des Urknalls. Ebenso unfaßbar ist, daß alle Materie des gesamten beobachtbaren Universums einst in einer Kugel von der Größe eines Stecknadelkopfes zusammengedrückt war. Dennoch deuten die Indizien darauf hin. Wenn wir also auf Galaxiensphären in immer größeren Entfernungen zurückblicken, sehen wir zuerst immer größere Sphären, aber wenn wir – Richtung Urknall – weiter in der Zeit zurückblicken, müssen sich die Sphären schließlich zusammenziehen. Wir können daher das ganze Retroversum in zwei Hälften zeichnen: In der ersten werden die konzentrischen Kugeln um die Erde immer größer, und in der zweiten ziehen sie sich auf den Urknall zusammen. Zusammen bestimmen sie eine bereits oben angetroffene geometrische Figur: die Hypersphäre (Bild 7.10). Die Ähnlichkeit zu Dantes Bild des Universums in Kapitel 5 ist fast unheimlich; der Urknall nimmt die Position ein, in die Dante einen mit großer Intensität strahlenden Lichtpunkt plaziert hat.

Bevor wir weitergehen, sollten wir die Frage stellen: Haben wir irgendwelche unberechtigten Annahmen gemacht, die uns vielleicht irregeleitet haben und unsere Schlüsse entkräften?

Die Antwort lautet sowohl „ja" und „nein". Wir haben in der Tat einige unberechtigte Annahmen gemacht; aber wenn auch einige Anpassungen in den Details vorgenommen werden müssen, bleibt doch das Gesamtbild erhalten.

Die erste und grundlegendste Annahme ist die Korrektheit des Hubbleschen Gesetzes. Die bloßen Begriffe „Entfernung" und „Geschwindigkeit" werden schwierig festzulegen, wenn wir Galaxien betrachten, die durch kosmologische Entfernungen von Milliarden Lichtjahren getrennt sind und sich in der Zeitspanne, die das Licht von der einen zur anderen braucht, mit immer wieder wechselnden Geschwindigkeiten bewegen. Gegenwärtig ist die überwältigende Mehrheit der Physiker von der Wahrheit des Hubbleschen Gesetzes überzeugt, aber es gibt immer noch einige Skeptiker. So müssen wir unser Szenarium als das nach dem gegenwärtigen Stand wahrscheinlichste nehmen und die Möglichkeit in Betracht ziehen, daß neue Beobachtungen oder Interpretationen zu einer größeren Revision führen. Doch hat der hauptsächliche Schluß, den wir aus dem Hubbleschen Gesetz gezogen haben, – der Beginn des Universums ist etwas dem Urknall Vergleichbares – ziemlich überzeugendes physikalisches Indizienmaterial* auf seiner Seite.

Die zweite Annahme, die wir bei der Abschätzung des Weltalters gemacht haben, besteht darin, daß die Geschwindigkeit, mit der die Galaxien von uns wegfliegen, im Laufe der Zeit ungeändert blieb. Das ist wirklich eine unberechtigte Annahme, erwarten wir doch, daß die Gravitationsanziehung zwischen den Galaxien eine bremsende Wirkung hat und die Expansionsrate des Weltalls verringert. Das soll heißen, die Fluchtgeschwindigkeiten der Galaxien sollten in der Vergangenheit größer gewesen sein als die heutigen. Wenn wir das beim zeitlichen Rücklauf des Universums berücksichtigen, finden wir zwar das grobe Bild des Universums ungeändert, aber eine kürzere Zeitspanne zum Urknall. Die gegenwärtigen Schätzungen liegen mehr in der Größenordnung von 10 oder 12 bis 15 als von 20 Jahren.

Unsere dritte Annahme besteht darin, daß wir hinsichtlich der Geschwindigkeiten der entfliehenden Galaxien über das Hubblesche Gesetz geredet haben, als hätte es auf dem ganzen Rückweg zum Beginn der Zeit gegolten. Doch das ist nicht der Fall. Wir können Galaxien auf etwa 90 Prozent des Weges zurück zum Urknall unmittelbar beobachten. Eine der großen Hoffnungen, die in die neuen Instrumente gesetzt werden, die in der gegenwärtigen Dekade zum Einsatz kommen, ist, daß sie uns die Erforschung der entfernten Teile des Universums jenseits der Grenzen der heutigen Technologie gestatten. Was wir genau finden werden, darüber kann man spekulieren, doch ist fast sicher, daß wir nicht viele weitere Galaxien entdecken werden. Der Grund hierfür ist eine der großen Ironien unseres sich enthüllenden Bildes vom Universum. Das Hubblesche Gesetz, abgeleitet aus der Beobachtung der scheinbaren Bewegung entfernter Galaxien, führt zu dem Schluß, daß es jenseits einer gewissen Entfernung gar keine Galaxien *gibt*. Der Grund hat mit den physikalischen Konsequenzen des Urknall-Szenariums zu tun, statt mit den rein geometrischen, die wir bisher beschrieben haben. Wenn wir die Zeit rückwärts laufen lassen und die Entfernungen zwischen den Galaxien schrumpfen, finden wir, daß die durchschnittliche Temperatur ansteigen muß. Und indem wir uns immer weiter in die Vergangenheit zurückziehen, erreichen wir Temperaturen, bei denen weder Galaxien existieren können noch die bloßen Elemente, aus denen die einzelnen Sterne einer Galaxie aufgebaut sind, aufrechtzuerhalten sind: Die einzelnen Atome werden in ihre Bestandteile zerlegt: freie Elektronen, Protonen und Neutronen. So konnte es in den Frühstadien des Universums keine Galaxien geben, und das Hubblesche Gesetz wäre so, wie von uns formuliert, bedeutungslos. Freilich sind andere Möglichkeiten zur Beschreibung der Weltallexpansion immer noch gegeben; man kann zum Beispiel die durchschnittliche Teilchenentfernung heranziehen. Jedenfalls ist die genaue Natur des Universums im Zeitabschnitt zwischen etwa einer Million und einer Milliarde Jahren nach dem Urknall, als sich zum erstenmal Galaxien bildeten, eines der hauptsächlichen verbliebenen Geheimnisse, die die Phalanx der neuen Instrumente, die bis zum Jahr 2000 aufgestellt sein sollen, lüften helfen soll.

Die vierte Annahme – sie ist fast sicher falsch – besteht darin, daß wir am Ende praktisch den ganzen Weg zurück zum Beginn der Zeit „sehend“ verfolgen können. In Wirklichkeit ist es aus den oben erwähnten physikalischen Gründen wahrscheinlich, daß wir nie Strahlung irgendeiner Art – Licht, Radiowellen oder was immer – aus den ersten Jahrhunderttausenden nach dem Urknall empfangen werden. Die entferntesten Botschaften, die wir je empfangen werden, stammen wahrscheinlich aus derselben Zeit wie die, die wir jetzt in der „3K-Mikrowellen-Hintergrundstrahlung“ haben, von der man glaubt, daß sie etwa 300 000 Jahre nach dem Urknall entstanden ist. Nach heutigem Verständnis ist der Zustand des noch früheren Universums dem Innern eines Sterns vergleichbar, wo die Lichtphotonen, kaum emittiert, schon wieder absorbiert werden, und das Ergebnis ist ein undurchsichtiges Gemisch aus Strahlung und Teilchen: eine äußerst heiße Ursuppe, die hinreichend abkühlen mußte, ehe Strahlung entkommen konnte.

Und so hat unsere Geschichte des Retroversums ein überraschendes Ende. Plötzlich geht ein Vorhang nieder, der das Dahinterliegende auf Dauer dem Blick entzieht. Ein Bild dieses Vorhangs wurde 1992 erhalten – es ist ein passendes Erinnerungsstück an Kolumbus’ Ankunft in der „Neuen Welt“ vor einem halben Jahrtausend. Bild 1 (auf S. XV) ist eine computergezeichnete Zusammensetzung von Millionen von Beobachtungen mit Instrumenten, die speziell für diesen Zweck entwickelt und an Bord eines Satelliten namens COBE (Cosmic Background Explorer) stationiert worden sind. COBE wurde gegen Ende des Jahres 1989 – gerade 25 Jahre nach der Entdeckung der Mikrowellen-Hintergrundstrahlung – gestartet. Es brauchte Jahre, die Daten zu sammeln und auszuwerten, ehe das endgültige Bild produziert werden konnte.

Das Bild wurde in der ganzen Welt auf den Titelseiten der Zeitungen abgedruckt, wobei es Nachrichten verdrängte, die nur lokal, national, international oder galaktisch waren. Es war eine bedeutende Gelegenheit, als die Erdlinge zum erstenmal ein Bild sahen, das durch den zeitlichen Rückblick bis zum Beginn des „sichtbaren“ Universums erhalten worden war. Zugegeben, das Bild ist verwaschen, aber die kommenden Jahre bringen sicher immer größere Verfeinerungen.

Es ist eine Ironie, daß bei der ganzen fortgeschrittenen Technologie, die zum Erhalt des Bildes nötig war – der Satellit, die feine Instrumentation an Bord, die empfindlichen Antennen auf der Erde zum Empfang der Satellitensignale sowie die leistungsstarken Computer zur Aufbereitung der Datenmengen –, das Forschungsteam mit demselben Problem konfrontiert war, das sich den Kartographen zu Kolumbus' Zeiten stellte: Wie stellt man am besten eine Kugelfläche auf einem ebenen Stück Papier dar? Sie hätten die 2-Hemisphären-Lösung, einen Mercator-Blick der Anfänge oder irgendeinen der vielen anderen im Lauf der Jahre vorgeschlagenen Kompromisse wählen können. Sie trafen eine für die Betrachter von Weltkarten vertraute Wahl*: eine Ansicht, die sich durch Aufschneiden, Ausbreiten und Flachdrücken einer sphärischen Fläche ergibt. Je nachdem, was für neue Charakteristika des Bildes eingetragen sind, können wir noch mit anderen Kartentypen rechnen.

Daß wir jetzt ein Bild des Vorhangs haben, wie er sich gerade hebt, mildert unsere Enttäuschung darüber, daß wir nicht dahinter sehen können. Auf alle Fälle sollten wir nicht allzu enttäuscht sein. Erstens *sind* wir imstande, 99,99 Prozent des Wegs ganz zum Anfang zurück zu sehen. Zweitens können wir auf der Grundlage dessen, was wir direkt beobachten können und was wir von den Gesetzen der Physik kennen, weitgehend erschließen, wie das Universum hinter dem Vorhang „aussehen" muß – zumindest bis wir in die unmittelbare Nähe des Urknalls kommen. Drittens gibt es, obgleich wir keine elektromagnetische Strahlung der Frühstadien des Universums empfangen können, noch mindestens zwei Möglichkeiten, direkte „Botschaften" aus diesem Zeitabschnitt zu erhalten. Die erste beruht auf einem Teilchentyp mit Namen *Neutrino*. Die gegenwärtige Standardtheorie des Urknalls verlangt die Freisetzung enormer Zahlen von Neutrinos – einige hundert Millionen pro Atom im Universum. Leider macht dieselbe Eigenschaft, die die Möglichkeit einräumt, Neutrinos ganz vom Anfang der Geschichte des Universums zu empfangen, jene auch verteufelt schwierig zu detektieren: Die Neutrinos gehen durch gewöhnliche Materie noch leichter als Röntgenstrahlen durch die Kleidung. Eine Anzahl Neutrinodetektoren wurde gebaut, und sie haben sich bei der Registrierung des Eintref-

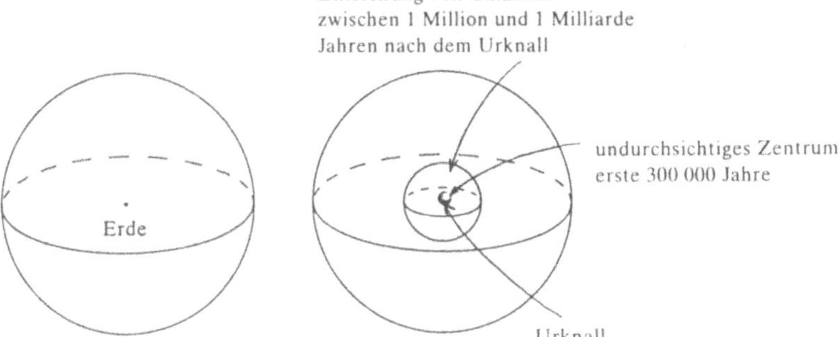

Bild 7.11 Retroversum

fens von Neutrinos vom Sonnenkern und von entfernten Supernovas als erfolgreich erwiesen. Allerdings würde die Detektierung von Neutrinos von den Ursprüngen des Weltalls weit empfindlichere Geräte erfordern, als heute bereitstehen. Das ist ein Projekt fürs nächste Jahrtausend. Die zweite Methode für den Erhalt direkter Information vom frühen Universum ist viel naheliegender. 1994 wurde das internationale Projekt LIGO (Laser Interferometer Gravitational-Wave Observatory) mit dem Ziel ins Leben gerufen, „Gravitationswellen" aufzuspüren. Man kann sich Gravitationswellen als winzige Kräuselungen in der Raumkrümmung vorstellen. Das LIGO-Projekt* soll diese Kräuselungen registrieren, die von verschiedenartigen Quellen stammen – eine davon wäre der Zustand des Universums unmittelbar nach dem Urknall. LIGO in den Vereinigten Staaten wird mit VIRGO zusammenarbeiten, das nach dem Virgo-Galaxienhaufen benannt ist und von einem französisch-italienischen Team in der Nähe von Pisa betrieben wird.

Aber diese Projekte liegen noch in der Zukunft. Mit den bereits zur Verfügung stehenden Mitteln sind wir zu einem Bild gelangt, das in mancher Beziehung nur eine grobe erste Näherung darstellt, in die noch viele Einzelheiten einzubringen sind, das sich aber wahrscheinlich in groben Umrissen halten wird. Dieses Bild – unser bestes vom Retroversum – besteht in einer Hypersphäre, aus der ein winziger Ball ausgeschnitten ist (Bild 7.11). Unsere gegenwärtigen Instrumente erlauben uns, den äußeren Rand dieses Balls – die Quelle der Mikrowellen-

Hintergrundstrahlung – etwas eingehender zu erforschen; und die Ergebnisse stimmen gut mit den theoretischen Voraussagen überein. Den winzigen Ball mit dem Urknall im Zentrum umgibt ein etwas größerer – die Geburtsstätte der Galaxien –, dort versagen unsere gegenwärtigen Instrumente jämmerlich. Wir erhalten allmählich ein detaillierteres Bild der linken Hälfte unserer Hypersphäre, die Galaxien innerhalb von fünf bis sechs Milliarden Lichtjahren entspricht, und wir haben mit der Erforschung der rechten Hälfte begonnen. Alle Anzeichen sprechen dafür, daß uns das Jahrtausendende zum einst undenkbaren Ziel eines globalen Bildes bringt – wobei nicht der Globus der Erde, sondern der Globus des Universums gemeint ist.

Kapitel 8
Eine weitere Dimension

EIN FAKTOR, DER IM AUF UND AB DER PHYSIKGESCHICHTE KONSTANT BLIEB, IST DIE ENTSCHEIDENDE BEDEUTUNG DER MATHEMATISCHEN IMAGINATION.

—Freeman J. Dyson

Albert Einstein* (Bild 8.1) war in jeder Beziehung außergewöhnlich. Bei der Konferenz, die 1951 an der Universität Princeton zur 100-Jahr-Feier einer der originellsten Schöpfungen von Bernhard Riemann – der „Riemannschen Fläche"* – veranstaltet wurde, trafen die Teilnehmer zu ihrem Erstaunen eines Morgens Einstein, der auf den ersten Blick zu erkennen war, in der ersten Reihe des Hörsaals sitzend, an. Er war von seinem Büro am Institute for Advanced Study herübergekommen, um ein paar Grußworte zu sprechen. Am meisten verblüffte die Größe seines Kopfes, der anderthalbmal so groß wie die Köpfe der Umstehenden schien, und dabei war sein unbändiger weißer Haarschopf nicht einmal eingerechnet. Einstein sprach darüber, wieviel er Riemann verdanke und wie sehr es ihn freue, daß Riemanns fruchtbare Ideen immer noch erforscht und erweitert würden. Nun haben die Riemannschen Flächen, das Thema der Konferenz, nur entfernt etwas mit der Riemannschen Geometrie zu tun, auf die Einstein seine Relativitätstheorie gründete; drei Jahrzehnte später fanden die Physiker allerdings für die Riemannschen Flächen eine bedeutsame Verwendung in der „Stringtheorie" – einem neuen Versuch, die grundlegende Wirkungsweise des Universums auf dem kleinsten subatomaren Niveau zu verstehen.

Was Einstein so auszeichnete, war zum Teil, daß er ein Leben lang der Konvention und der üblichen Weisheit trotzte, wie es an seiner zum Markenzeichen gewordenen extravaganten Haartracht erkennbar wird. Er

Bild 8.1 Einstein zur Zeit der Princeton-Konferenz über Riemannsche Flächen von 1951 (American Institute of Physics Neils Bohr Library)

hatte starke Überzeugungen und handelte nach ihnen, selbst wenn dazu beträchtlicher Mut gehörte. Wie Stephen Hawking, zwei Generationen später, verband Einstein einen brillanten theoretischen Verstand, ganz bei den Komplexitäten und Abstraktionen der modernen Physik zu Hause, mit einer Bereitwilligkeit, die konkreten Komplexitäten des wirklichen Lebens anzugehen und gegen starke Widrigkeiten anzukämpfen.

In Hawkings Fall ging der Kampf gegen eine lähmende Krankheit, die ihn ganz zu Anfang seiner Karriere befiel. Bei Einstein war es die Politik, die aus ihm einen Pazifisten machte, der im Ersten Weltkrieg gegen ein militaristisches Deutschland opponierte; Jahre später prangerte er Hitler angesichts ernstzunehmender persönlicher Gefahr an. Außerdem spielten weder Einstein noch Hawking den Helden, sondern gingen eher mit einer Hartnäckigkeit im Guten an die Sache heran, und beide bewahrten sich einen bemerkenswerten Humor. Einsteins feinsinnige Bemerkungen und Aphorismen* wurden (und werden immer noch), im Zusammenhang und auch ohne, zitiert, um irgendwelche Dinge oder Ansichten zu unterstützen. „Ich kann nicht glauben, daß Gott mit dem Universum würfelt." (in bezug auf die Wahrscheinlichkeitsinterpretation der Quantentheorie) „Raffiniert ist der Herrgott, aber boshaft ist er nicht." „Religion ohne Wissenschaft ist blind. Wissenschaft ohne Religion ist lahm."

Aber so sehr die persönlichen Eigenschaften Einsteins für ihn einnehmen, sein Platz in der Geschichte beruht auf seinen wahrhaft revolutionären Einsichten in die Natur der Realität. Für die Physiker begann das 20. Jahrhundert im Jahre 1905, als Einstein drei berühmte Arbeiten veröffentlichte, von denen zwei einige der tiefliegendsten Ansichten über die Natur der wirklichen Welt umstürzten.

Der erste Artikel beinhaltete, was später als Einsteins „spezielle Theorie der Relativität"* bekannt wurde. Darin behauptete Einstein, daß wir den Begriff der „Gleichzeitigkeit"[1] aufgeben müssen: Aus praktischen wie theoretischen Gründen ist die Aussage bedeutungslos, ein Ereignis hier und ein weiteres Ereignis im Andromeda-Nebel hätten „zur selben Zeit" stattgefunden. Über den Verlust der Gleichzeitigkeit hinaus sagte Einstein, daß solche Grundbegriffe wie Länge, Geschwindigkeit und Masse eines Objekts relativ sind – das heißt: Zwei Beobachter können, abhängig von ihren Bezugssystemen, zu verschiedenen, gleichberechtigten Meßergebnissen gelangen.

Die Einsteinsche Relativitätstheorie wurde schnell eine Art Schlagwort, mit der man Behauptungen aller Art unter dem Hinweis „Alles ist

[1] Anm. d. Übers.: Hier ist natürlich eine absolute, vom Bezugssystem unabhängige, Gleichzeitigkeit gemeint.

relativ“ entgegentrat. Doch Einsteins Theorie hat keine Beliebigkeiten und Unexaktheiten im Sinn. Jede Messung der Zeit, des Raums oder der Masse kann mit der Genauigkeit durchgeführt werden, die die benützten Instrumente hergeben, und dann können mit Hilfe der von Einstein formulierten, präzisen mathematischen Gesetze die Meßresultate irgendeines anderen Beobachters vorausgesagt werden. Alle Schludrigkeit in Verbindung mit Einsteins Theorie ist in den Versuchen begründet, die Theorie auf den politischen, gesellschaftlichen oder moralischen Bereich zu übertragen.

Auf ihre Art noch revolutionärer als Einsteins spezielle Relativitätstheorie war eine andere seiner Arbeiten von 1905. In ihr führt er den Begriff „Photon“ oder „Lichtquant“ ein. Dieser Artikel wurde einer der Grundpfeiler der Quantentheorie, die neben der Relativitätstheorie eine völlige Abkehr von früheren physikalischen Theorien darstellte. Obgleich die Erfindung der Quantentheorie traditionell Max Planck zugeschrieben wird, ist durchaus zu vertreten*, daß Einstein als erster behauptete, die Energie sei wirklich quantisiert und komme nur in Paketen einer gewissen Größe vor. Planck hat die „Quanten“ in seinen Rechnungen anscheinend eher als einen mathematischen Kunstgriff denn als physikalische Realität angesehen.

Wenn Einsteins Rolle bei der Begründung der Quantentheorie zu wenig gewürdigt wurde, hat die Nachwelt dies mehr als wettgemacht, indem sie ihm eine Idee anrechnete, die nicht von ihm stammte: die der vierdimensionalen Raumzeit als des Stoffs des physikalischen Universums. Hermann Minkowski*, einer der schöpferischsten Mathematiker seiner Zeit, hatte Einsteins Artikel über die spezielle Relativität gelesen und schnell erkannt, daß die Meßwerte für Raum und Zeit, für sich genommen, relativ zum Beobachter sind, daß aber eine bestimmte Kombination aus ihnen beobachterunabhängig ist. In einer berühmten – allerdings etwas ausgefallenen – Ankündigung sagte Minkowski: „Von Stund an sollen Raum für sich und Zeit für sich völlig zu Schatten herabsinken und nur noch eine Art Union der beiden soll Selbständigkeit bewahren.“

Um zu verstehen, was dem vierdimensionalen Zugang zum Universum zugrundeliegt, ist es hilfreich, das *Retroversum* von einem globaleren Standpunkt aus noch einmal zu untersuchen. Nach seiner Definition besteht das Retroversum aus allem, was zu einem gegebenen (Erd-)Zeitpunkt beobachtbar ist. Aber wenn wir diese Beobachtungen in einem Jahr, einem Jahrzehnt oder einem Jahrhundert machen werden, wird das Bild des Retroversums jedesmal anders ausfallen. Vor Einstein hätte man gesagt, die Bilder zeigten „dasselbe Universum" zu „späteren" Zeiten. Aber die Unentwirrbarkeit von Raum und Zeit machte diese Beschreibung inadäquat, noch bevor die Expansion des Weltalls entdeckt war. Wir erkennen jetzt, daß jeder dieser aufeinanderfolgenden Schnappschüsse die Beobachtung eines Teils des Universums gestattet, der zuvor einfach nicht sichtbar war. Die Mikrowellen-Hintergrundstrahlung, die wir in einem Jahr auf der Erde empfangen, kommt von Punkten, die um ein Lichtjahr weiter entfernt sind als die Quellen, die wir heute „sehen". Unser Horizont weitet sich buchstäblich jedes Jahr. Um uns ein globales Bild zu machen, müssen wir uns ein größeres Universum vorstellen, das sich in Raum und Zeit erstreckt; jede jährliche Durchmusterung von der Erde aus enthüllt eine dünne Scheibe des Universums. Unsere Hoffnung ist, daß wir aus einer Zahl solcher Schnitte auf die Gestalt des gesamten Universums schließen können. Es ist, als untersuche man ein paar Schnitte durch einen Apfel und versuche, daraus Gestalt und Zusammensetzung des ganzen Apfels abzuleiten. Wenn die Schnitte zufällig nicht durch das Kernhaus gehen, dann können wir keine Kenntnis von einem Kernhaus, geschweige denn von dessen Aussehen, haben. Genauso ist jeder Versuch, jenseits des tatsächlich beobachtbaren Retroversums zu „sehen", um sich ein Bild der Ganzheit des Universums zu machen, zumindest teilweise Spekulation. Der meistgewählte Zugang zu einem globalen Bild ist die Annahme, das Universum ähnele mehr einer Zwiebel als einem Apfel und jedes der aufeinanderfolgenden Retroversen sei wie eine weitere von der Zwiebel abgelöste Schale; die aufeinanderfolgenden Schichten oder Ansichten dürften sich dabei in den Einzelheiten unterscheiden, seien aber in der Gesamtstruktur ähnlich.

Die Annahme, das Universum gleiche mehr einer Zwiebel als einem Apfel wird gemeinhin als *kosmologisches Prinzip* bezeichnet. Es steht für die Vorstellung, daß das, was wir von der Erde aus sehen, typisch ist für das, was Beobachter irgendwo sonst sehen würden. Es bringt auch noch etwas mehr zum Ausdruck: daß das Universum auf einer hinreichend großen Skala eher glatt als klumpig ist. Mit anderen Worten: Die Zusammenballung von Materie zu Sternen und Galaxien, zwischen denen sich große Freiräume befinden, ist der Struktur eines Gases oder einer Flüssigkeit auf submikroskopischem Niveau vergleichbar, wo der Großteil der Masse in den Kernen der Atome konzentriert ist und die Atome zu Molekülen zusammengeballt sind. Wenn wir uns von der atomaren zur menschlichen Skala begeben, nehmen wir das Gas oder die Flüssigkeit als glatte, einheitliche Substanz wahr. So behauptet das kosmologische Prinzip, daß von einer genügend hohen Warte aus die einzelnen Galaxien wie die Atome einer insgesamt glatten Substanz – der Substanz des Universums – wirken.

Einstein hatte wenigstens zwei Gründe, an das kosmologische Prinzip zu glauben. Der erste: Obwohl es gut sein kann, daß es wirklich andere Bereiche des Universums gibt, die unserem absolut nicht ähneln, sind unsere Chancen, daß wir deren Aussehen abschätzen können, praktisch Null. Die Wahrscheinlichkeit, daß alle Teile des Universums einander ähnlich sind, ist ungeheuer viel größer, als daß irgendein anderer Teil zum Beispiel ganz aus grünem Käse besteht.

Der zweite: Da wir keinen Grund haben, einen Unterschied bei ungesehenen Teilen unseres Universums zu erwarten, erscheint es höchst wahrscheinlich, daß Uniformität herrscht. Unsere Entsprechungen im Andromeda-Nebel dürften finden, daß ihr Retroversum in gewissem Maß mit unserem überlappt, aber wir haben keinen Grund zu dem Verdacht, daß das, was sie, aber wir nicht sehen, oder das, was wir im Gegensatz zu ihnen sehen, sich irgendwie von dem unterscheidet, was wir gemeinsam sehen.

Die Situation entspricht unserem Versuch, die Gestalt der Erde zu verstehen, solange nur kleine Teile von ihr erforscht waren. Aufgrund der bekannten Teile der Erde schien es höchst wahrscheinlich, daß der Rest die gleiche sphärische Gesamtform hatte. In diesem Fall wurde unser Glaube bestätigt.

Aus diesen und anderen Gründen wählte Einstein eine sich in der Zeit entwickelnde[2] Hypersphäre als Modell des Universums, als er seine spezielle zur „allgemeinen Relativitätstheorie", in der er Minkowskis „vierdimensionales Raumzeitkontinuum" annahm, erweiterte und versuchte, seine allgemeine Theorie zur Beschreibung des ganzen Universums zu verwenden. Er tat dies vor der Entdeckung des Hubbleschen Gesetzes und seiner Konsequenzen, und so entpuppten sich einige der Gründe für seine Wahl als nicht gerechtfertigt. Der russische Mathematiker Alexander Friedmann konstruierte jedoch 1922, fünf Jahre später, eine verbesserte Version des Einsteinschen Modells. In Friedmanns Modell hat das Universum wie im Einsteinschen eine dreidimensionale Raumkomponente und eine (eindimensionale) Zeitkomponente, wobei die Raumkomponente in jedem Zeitpunkt die Form des Riemannschen „sphärischen Raums" oder der „Hypersphäre" aufweist. Der gravierendste Unterschied zwischen den Modellen besteht darin, daß Friedmann die Expansion des Universums berücksichtigt, die später von Hubble bestätigt wurde. Die Größe der Hypersphäre nimmt also mit der Zeit zu und nimmt bei Zeitumkehr auf Null ab. Das Schlagwort „Big Bang" wird oft zur Bezeichnung des Anfangs der Zeit benützt, als die Weltallgröße Null war; der Urknall sollte aber eher als bequeme Abstraktion* denn als physikalische Realität gedeutet werden. Die physikalische Realität, so gut wir das heute bestimmen können, ist, daß das Weltall einst in einen unvorstellbar heißen, dichten „Urfeuerball" gepackt war. Jenseits eines gewissen Punktes ist unser physikalisches Verständnis außerstande, all die möglichen Effekte und Wechselwirkungen eines solchen Feuerballs zu erfassen. So denken wir uns den Urknall als Anfangswert der Zeit und sprechen von dem physikalischen Universum erst nach dem Urknall. Das Bild ist dann relativ einfach. Hätte ein „äußerer Beobachter" mit einer Videokamera das Ganze gefilmt, würden die Bilder eine Folge von immer größeren Hypersphären zeigen.

Nun sehen Hypersphären wie Sphären von allen Punkten gleich aus (weswegen sie auch vom Standpunkt des kosmologischen Prinzips ideal sind). Wenn wir ein Bild von ihnen zeichnen, können wir eine egozentrische Karte mit uns im Zentrum verwenden, wobei wir uns im klaren

[2] Anm. d. Übers.: Dies soll auch den „statischen" Fall mit einbegreifen.

sind, daß andere Beobachter frei wären, ihre eigenen Karten um ihren Aufenthaltsort zu zeichnen. So wollen wir ein an ein Atom gebundenes Elektron im Erdmittelpunkt wählen und unsere Karte jeder Hypersphäre mit diesem Elektron als Zentrum zeichnen (Bild 8.2), dabei gehen wir bis zu einer Sekunde nach dem Urknall zurück. Davor gab es eine ständige Bildung und Annihilation von Elektronen, so daß wir die Geschichte unseres besonderen Elektrons nicht weiter zurückverfolgen können.

In jedem Augenblick nach dem Urknall sind alle Teilchen des Universums auf einer Hypersphäre verteilt, die wir in unserer gewohnten Manier als die Innenräume eines Kugelpaares darstellen. Während der Zeitspanne vom Urknall bis zur Gegenwart hat die Größe der Hypersphäre stetig zugenommen.

Um dieses Bild voll zu begreifen, erinnern Sie sich bitte daran, daß eine Sphäre oder irgend eine andere Fläche auf einer Karte dargestellt werden kann, indem man Kreise um einen gegebenen Punkt betrachtet. Die Krümmung der Kugel oder Oberfläche spiegelt sich in dem Maß, in dem die Länge dieser Kreise mit der Entfernung vom Zentrum zunimmt. Die Raumkrümmung läßt sich nach Riemann in ähnlicher Weise definieren. Wir haben nun den nächsten Schritt getan und ein Universum beschrieben, in dem alle Teilchen in einer gegebenen „Distanz" zum Urknall auf einer (dreidimensionalen) Hypersphäre liegen, wobei die „Distanz vom Urknall" einfach durch die Zeit gemessen ist. Das sich ergebende globale Bild kann nur als etwas Vierdimensionales beschrieben werden; wir können es nicht in seiner Ganzheit darstellen, wir können es aber nichtsdestoweniger voll beschreiben, indem wir die Größe und Gestalt der Hypersphären[3] zu allen Zeiten t nach dem Urknall angeben.

Die *Idee*, daß Raum und Zeit zusammen als etwas Vierdimensionales betrachtet werden können, ist schon sehr alt; sie wird explizit in einem Artikel zu „Dimension" in der berühmten französischen Enzyklopädie von 1764 erwähnt. Dort ist sie jedoch nur ein fallengelassener Gedanke, der in keiner Weise weiter verfolgt wurde. Erst mit Minkowskis Interpretation der speziellen Relativitätstheorie wurde die Mathematik der

[3] Anm. d. Übers.: „Hypersphäre" wird auch (im weiteren Sinne) für topologisch äquivalente Gebilde gebraucht.

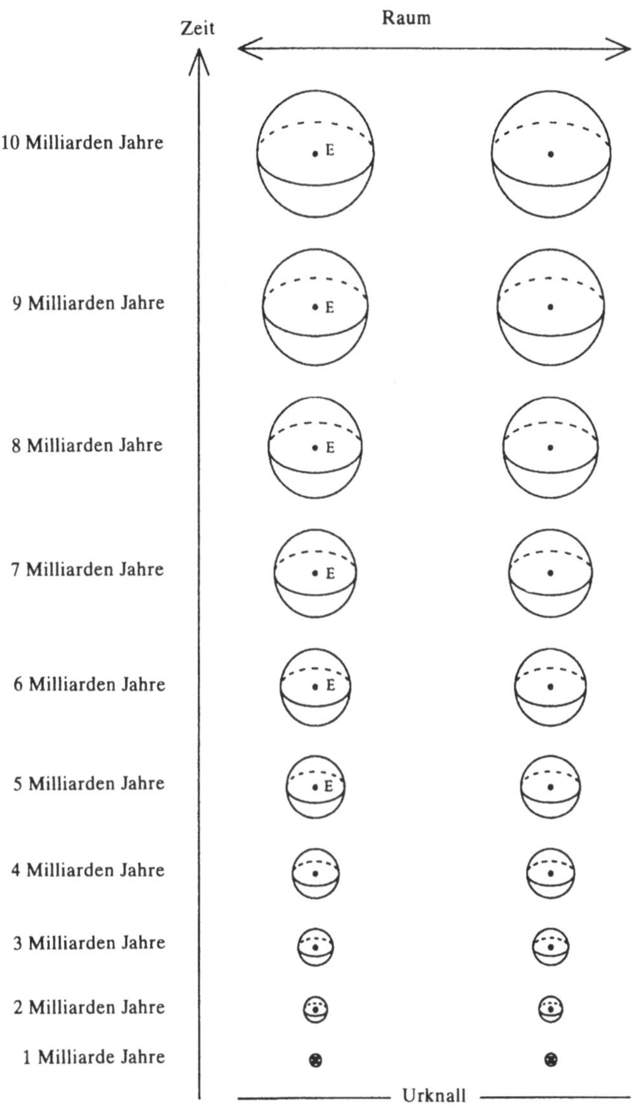

Bild 8.2 Die ersten zehn Milliarden Jahre im Leben eines sphärischen Universums. Eine Folge von Schnappschüssen in Intervallen von einer Milliarde Jahren ab Urknall. In jedem Schnappschuß hat der Raum die Form einer Hypersphäre, deren Größe stetig mit der Zeit anwächst. („*E*" ist ein Elektron im Erdzentrum.)

vierdimensionalen Raumzeit in einer Weise formuliert, die zur Lösung konkreter physikalischer Fragestellungen verwendet werden konnte. In seiner allgemeinen Relativitätstheorie knüpft Einstein den Knoten aus Raum und Zeit noch fester, indem er den Begriff der Raumzeitkrümmung einführt und explizit zeigt, wie sich die Gravitationswirkungen aus der Krümmung ableiten.

An dieser Stelle bezog Einstein seine Inspiration von Riemann. Dessen Vision war nicht auf drei Dimensionen beschränkt; sie ließ sich auch auf vier und mehr Dimensionen ausdehnen, wo Riemann den Begriff der Krümmung einführte und explizite Gleichungen zu ihrer Berechnung angab. Einsteins Genie erkannte zuerst, daß Riemanns Gleichungen auch in der Raumzeit verwendet werden können und daß die Geometrie der Raumzeit dann Einfluß auf die Physik hat. Letztere Vorstellung war wirklich revolutionär, war doch der Raum in allen vorhergehenden wissenschaftlichen Theorien ein passiver Hintergrund* gewesen – die Bühne, auf der sich alles abspielte. In Einsteins Fassung bewegen sich sowohl die Strahlung als auch materielle Gegenstände längs Bahnen, die durch die Geometrie der Raumzeit bestimmt sind. „Gravitation ist Geometrie" könnte man sagen. Obwohl Einstein diesen Gedanken bereits Anfang des 20. Jahrhunderts eingeführt hat, hat der noch heute viel von seinem Geheimnis behalten. Es mag vielleicht helfen, sich daran zu erinnern, daß Newtons Erklärung der Schwerkraft damals ebenso verblüffte und es mindestens ebenso lange dauerte, bis sie akzeptiert war. Tatsächlich erscheint Newtons Gravitationsgesetz um so bizarrer, je genauer man es ansieht: Irgend zwei Objekte üben aufeinander eine Anziehungskraft aus; und diese Kraft wird irgendwie instantan über gewaltige leere Räume übertragen, von Sonne und Mond auf die Erde, von Stern zu Stern, von Galaxie zu Galaxie. Viele angesehene Wissenschaftler damals taten den Gedanken als „Voodoo-Physik" ab und lehnten es ab, ihn ernstzunehmen. Newton selbst verzichtete ausdrücklich auf jedes Verständnis des physikalischen Mechanismus und erklärte, er habe nur die mathematischen Gesetze angegeben, nach denen man die Bewegung eines beliebigen Körpers unter dem Einfluß der Schwerkraft berechnen könne, und er überließe es kommenden Generationen, das Rätsel zu lösen, wie die geheimnisvolle Gravitations„kraft" wirklich funktioniere.

Aus dieser Perspektive betrachtet, mutet Einsteins Vorstellung eines gekrümmten Raums mit bestimmten bevorzugten Bahnen gar nicht so fremd an.

Um einzusehen, daß die Gravitation nur Krümmung in anderem Gewande ist, brauchen wir uns nur eine der Schlüsseleigenschaften der Krümmung ins Gedächtnis rufen, die wir für Flächen und den Raum beschrieben haben. In zwei Dimensionen messen wir die Länge der Kreise um einen Punkt, um festzustellen, ob die Länge langsamer, schneller oder im selben Maß wie in der Ebene anwächst (was uns sagt, ob die Krümmung positiv, negativ oder Null ist). In drei Dimensionen gibt eine ähnliche Rechnung, die die Größe von Kugeln um einen Punkt verwendet, ein Krümmungsmaß ab. In der vierdimensionalen Raumzeit haben wir Hypersphären in einer gewissen „Distanz" vom Urknall, und diese wachsen mit zunehmender Distanz. Die Wachstums*rate* ist dann ein natürliches Maß der Raumzeitkrümmung. Andererseits hängt die Rate, mit der die Hypersphären anwachsen, von der bremsenden Wirkung der Gravitation ab, die die Expansion des Weltalls verlangsamt. So sind erhöhte Gravitation, langsameres Anwachsen der Hypersphären im Lauf der Zeit und größere Krümmung alles Wege zur Beschreibung desselben Phänomens.

Haben wir einmal das Bild, können wir uns der physikalischen Beschränkung, nur in die Vergangenheit zu schauen, entledigen und die Mathematik die Zukunft des Universums voraussagen lassen, wie die Newtonschen Gesetze eine detaillierte Beschreibung des künftigen Verhaltens des Sonnensystems erlaubten. Wenn das Universum im Lauf der Zeit expandiert, wachsen die Entfernungen zwischen den Galaxien, und die Gravitationskräfte werden schwächer. Das bedeutet, daß die Raumzeitkrümmung abnimmt und die aufeinanderfolgenden Hypersphären langsamer wachsen. Es gibt nun zwei Möglichkeiten. Bei der ersten wachsen die Hypersphären ewig weiter, freilich mit einer stets abnehmenden Geschwindigkeit. Bei der zweiten Möglichkeit erreichen sie eine Maximalgröße und ziehen sich dann wieder zusammen, genauso wie die Breitenkreise auf der Erde vom Nordpol an anwachsen, bis sie am Äquator ihre Maximalgröße erreichen, um dann gegen den Südpol zu kontrahieren. Falls das Weltall eines Tages in eine solche Kon-

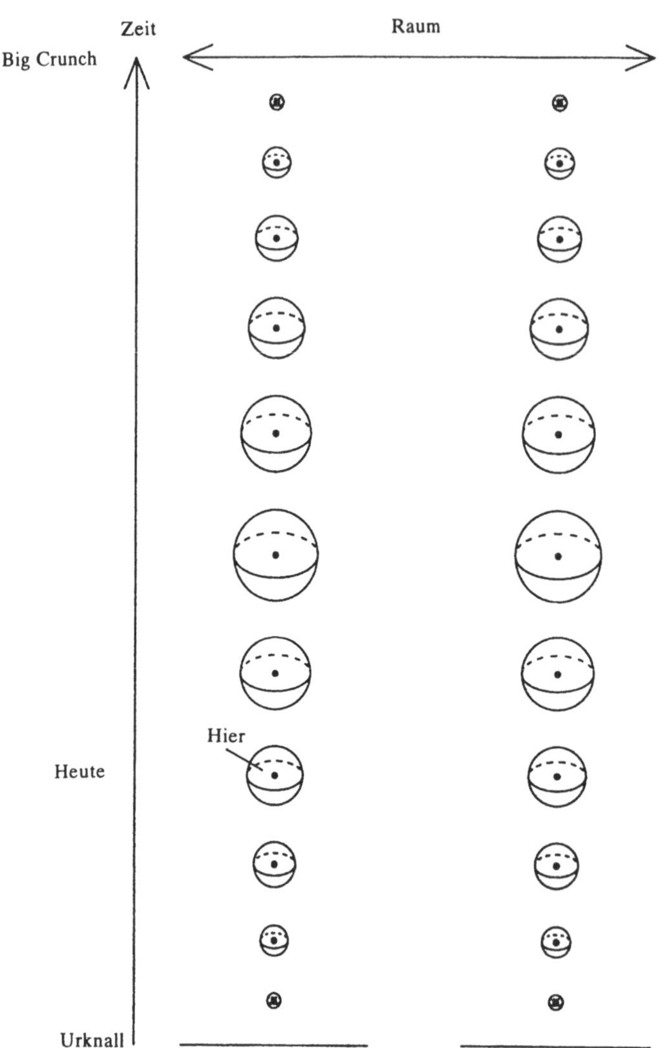

Bild 8.3 Karte des Universums als 4-Sphäre. Zu jeder Zeit nach dem Urknall ist der Raum eine 3-Sphäre, die hier als Inneres eines Kugelpaares dargestellt ist, wobei die Randsphären dieselbe Sphäre im Raum repräsentieren. Die Größe der 3-Sphäre nimmt zu, bis diese (irgendwann in der Zukunft) eine maximale Größe erreicht und dann auf den Big Crunch hin wieder zusammenschrumpft.

traktionsphase eintritt, werden die Entfernungen zwischen den Galaxien danach abnehmen, die Krümmung wird anwachsen, und die aufeinanderfolgenden Hypersphären werden immer schneller schrumpfen und sich zuletzt auf einen einzigen Punkt zusammenziehen, der im Volksmund „Big Crunch" heißt. Wir könnten dann eine Karte des gesamten Universums als eine Folge von Hypersphären zeichnen, die in der ersten Lebenshälfte des Universums wachsen und in der zweiten kontrahieren (Bild 8.3). Die ganze Raumzeit würde dann eine Art Super-Hypersphäre bilden: ein vierdimensionales Objekt, das die Mathematiker eine „vierdimensionale Sphäre" oder kurz „Vier-Sphäre" nennen (Bild 8.3).

Unsere gegenwärtige Kenntnis des Universums reicht nicht aus zu entscheiden, ob es in der Zukunft einen Big Crunch gibt oder ob sich das Weltall ewig ausdehnt. In beiden Bildern lohnt es sich dennoch, einen letzten Blick zurück zu werfen und zu sehen, wie sich unser (dreidimensionales) Retroversum in das große Bild des gesamten (vierdimensionalen) Universums einfügt. Da der frühe Teil des Universums – die anfängliche Expansionsphase – in beiden Fällen gleich aussieht, können wir eine Karte des Universums als 4-Sphäre zeichnen und das gegenwärtige Retroversum einskizzieren (Bild 8.4).

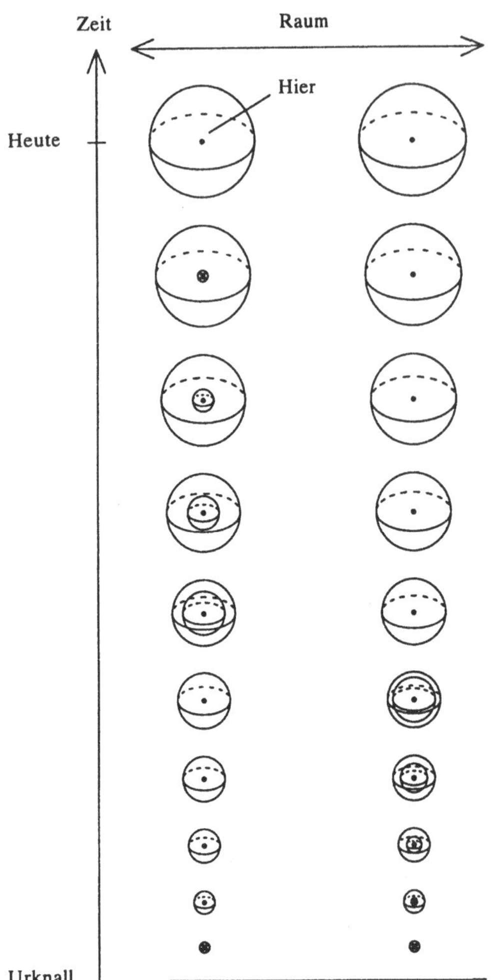

Bild 8.4 Das gegenwärtige Retroversum als Teil des Universums vom Urknall bis zur Gegenwart. Das Universum ist als 3-Sphäre dargestellt, die mit der seit dem Urknall verstrichenen Zeit anwächst. Das beobachtbare Universum, oder Retroversum, ist als Folge (gewöhnlicher) Kugeln gezeichnet, die beim Blick zurück in die Vergangenheit (von oben nach unten) anwachsen. Es beginnt dabei im linksseitigen Teil der 3-Sphäre und nimmt allmählich an Größe zu, bis es auf den rechtsseitigen Teil wechselt und auf den Mittelpunkt im Augenblick des Urknalls hin schrumpft.

Kapitel 9
Weltall der Formen

... MÄCHTIG IST DER ZAUBER,
DEN JENE ABSTRAKTIONEN FÜR DEN GEIST
ENTHALTEN, DER BEDRÄNGT VON BILDERN UND
VOM EIGNEN SELBST VERFOLGT IST,

—William Wordsworth,
„The Prelude"[1]

Einer von Einsteins berühmtesten Aussprüchen ist: „Das ewig Unbegreifliche an der Natur ist ihre Begreiflichkeit." Anders ausgedrückt: Obgleich viele Aspekte der physikalischen Welt in einfachen Gesetzen oder einer bündigen mathematischen Beschreibung eingefangen werden können, wissen wir nicht, weshalb dies überhaupt so ist. Noch viel schwieriger zu erklären ist die fast magische Weise, in der sich gewisse mathematische Begriffe, die als pure Erfindungen dem schöpferischen Verstand von Menschen entsprungen sind, als genau die Werkzeuge herausstellen, die man zur Beschreibung der physikalischen Welt braucht. Dieses Phänomen* wurde von Eugene Wigner, einem herausragenden Physiker des 20. Jahrhunderts, als „die unverständliche Effektivität der Mathematik in den Naturwissenschaften" bezeichnet. Ein schlagendes Beispiel bildet die Theorie der Kegelschnitte – Ellipse, Parabel und Hyperbel –, die aus keinem offenbaren praktischen Grund um 400 v. Chr. von griechischen Mathematikern aufgestellt wurde. Diese Theorie fand keine Anwendung in der Wissenschaft, bis nach zweitausend Jahren Kepler erkannte, daß die Form einer Planetenbahn um die Sonne eine Ellipse ist. Keplers Entdeckung wurde von Newton um Kometen und

[1] Anm. d. Übers.: Übertragung von Hermann Fischer, Philipp Reclam jun., Stuttgart, 1974: 6. Buch, Cambridge und die Alpen

Bild 9.1
Die symmetrische Anordnung von Fünf- und Sechsecken auf einem Fußball. Sie löste die Molekularstruktur der 60-Atom-Moleküle auf, die als „Buckyballs" bekannt sind.

andere Objekte, die von außen in das Sonnensystem kommen, erweitert. Die Bahnen konnten jetzt Ellipsen, Parabeln und Hyperbeln sein. Newton zeigte auch, daß die Erde selbst eher ellipsoid- als kugelförmig ist.

Eine andere Form aus der Antike mußte noch länger warten, bis eine praktische Anwendung in der Wissenschaft – jetzt auf dem Gebiet der Chemie – gefunden war. Harold Kroto und Richard Smalley bestimmten 1985 in Zusammenarbeit die molekulare Struktur einer kürzlich entdeckten Form des Kohlenstoffs, bei der 60 Kohlenstoffatome irgendwie in einem einzigen Molekül gebunden sind. Die Struktur des Moleküls war anfangs ein großes Mysterium. Es stellte sich heraus, daß seine Gestalt bereits im 3. Jahrhundert v. Chr. von Archimedes beschrieben worden war und in einer symmetrischen Anordnung von Fünf- und Sechsecken besteht. Das Design ist heute weltweit als Muster eines Fußballs (Bild 9.1) vertraut. Die Verwendung ähnlicher Entwürfe durch Buckminster Fuller bei der Konstruktion geodätischer Kuppelbauten veranlaßte Kroto und Smalley, dem neuen Molekül und ähnlichen, später analysierten den Namen *Buckminsterfullerene* zu geben; die Bezeichnung wurde in der Zwischenzeit gnädig und scherzhaft auf „Buckyballs"* verkürzt. Sie sind jetzt Gegenstand intensiver Forschung, nachdem sich praktische Anwendungen am Horizont abzeichnen.

Die bisher besprochenen mathematischen Konstruktionen – vom gekrümmten Raum bis zur Riemannschen Hypersphäre – haben bereits ihren Wert für die Erklärung und das Verständnis unseres Universums erwiesen. Neuere Schöpfungen der mathematischen Imagination, die hauptsächlich aus dem 20. Jahrhundert datieren, haben sich in ihrer Anwendbarkeit in der modernen Wissenschaft noch nicht voll etabliert, wenn es auch bereits starke Anzeichen gibt, daß sie im Kommen sind.

Wenn es so etwas wie einen allgemeinen Zugang zur Erfindung mathematischer Konstrukte gibt, dann ist es der Prozeß der Abstraktion. Eines der vertrautesten und wichtigsten Beispiele dafür bildet der Begriff der „Zahl". Zahlen kommen als solche in der Natur nicht vor. Es war eine bedeutende Erkenntnis, daß man zwar keine Äpfel und Birnen zusammenzählen, aber durchaus die *Anzahl* der Äpfel zur Anzahl der Birnen addieren und so die korrekte Gesamtzahl der Obststücke erhalten *kann*. Außerdem sind die Additionsregeln universell, ganz unabhängig von den besonderen Objekten, auf die sich die Zahlen ursprünglich bezogen haben. Die Schwierigkeit des Schritts von Zahlen konkreter Gegenstände zu einer abstrakten Zahl offenbart sich darin, daß selbst heute noch einige Sprachen, wie das Japanische, verschiedene Wörter verwenden, um dieselbe Zahl zu benennen, wenn diese mit verschiedenen Arten von Objekten zu verbinden ist.

Die Abstraktion wirkt in vielfacher Weise. Zunächst hat sie die Kraft der Universalität: Sie gestattet die Anwendung einer einzigen Regel in ganz unterschiedlichen Situationen. Daß drei mal fünf fünfzehn gibt, kommt gleichermaßen zur Geltung, wenn man den Gesamtpreis von drei Fahrkarten zu je fünf Mark berechnet oder wenn man bestimmen will, wieviel Farbe man für die Decke eines Zimmers mit den Maßen 3 auf 5 m braucht. Die Banalität des Zahlenrechnens verdeckt den genialen Akt, der den Zahlbegriff aus dem Dschungel besonderer Zahlen für besondere Objekte abstrahierte.

Ein zweiter Vorteil der Abstraktion liegt darin, daß sie oft Klarheit in eine verworrene Situation bringt. Die Begriffe „Punkt" und „Gerade" in den Schriften Euklids sind zum Beispiel viel eindeutiger zu übersetzen und gehorchen viel einfacheren Regeln als die Tupfen und Striche des täglichen Lebens, aus denen sie durch Abstraktion hervorgegangen sind. Es besteht allerdings die Gefahr, daß die Schlüsse, die wir durch Anwendung der einfachen Regeln für unsere Abstraktionen gezogen haben, nicht gelten, wenn wir sie wiederum auf die ursprünglichen Objekte des täglichen Lebens anzuwenden suchen. Allerdings ist es nach den zitierten Wigner-Worten bemerkenswert, wie oft die Schlüsse haargenau zutreffen.

Der dritte große Vorteil der Abstraktion ist der Freiraum, den sie unserer Imagination gewährt. Er erlaubt das Ausdenken von neuen und alternativen Versionen der Wirklichkeit – von Versionen, die irgendetwas in der realen Welt entsprechen mögen oder auch nicht. Die Zahlen waren zum Beispiel über Tausende von Jahren im Gebrauch, als der Begriff einer „negativen Zahl" versuchsweise eingeführt wurde. Die Idee traf zunächst auf starken Widerstand, da sie einen höheren Grad der Abstraktion wie bei den gewöhnlichen Zahlen darstellte. Die Zahl fünf konnte einfach durch Bezug auf Sammlungen von fünf Gegenständen oder Längen von fünf Einheiten verstanden werden. Wenn man „minus fünf" eine „Zahl" nannte, ohne daß dies irgendetwas Konkretem entsprach, brachte das das Gebilde einen Schritt weiter. Heute sind wir so daran gewöhnt, negative Zahlen hinzunehmen und mit ihnen umzugehen, daß wir uns nur schwer vorstellen können, wie problematisch ihre erste Einführung war.

Wenn die Teile der Mathematik, die auf Abstraktionen beruhen, die wie die Zahlen und die euklidische Geometrie direkt aus der realen Welt abgeleitet wurden, bei Problemen aus dem Bereich der realen Welt anwendbar und nützlich sind, dann sollte das eigentlich keine Überraschung sein. Was Wigner in seinem Zitat von der „unverständlichen Effektivität der Mathematik" ansprach, ist die Anwendbarkeit der abstrusesten Gebiete der Mathematik, in denen Abstraktionen auf Abstraktionen gestapelt sind. Beispielsweise wurde, nachdem der Begriff der negativen Zahl endlich geschluckt war, ein noch unmöglicher klingender Begriff eingeführt: der einer „Zahl", deren Quadrat eine negative Zahl ist, was im Widerspruch zu den Grundrechenregeln steht. Diese neuen Objekte wurden „imaginäre Zahlen" genannt und stießen auf noch größeren Widerstand. Und doch nahmen sie, nachdem sie richtig gedeutet und verstanden waren, ihren Platz als Standardwerkzeug in der Ausrüstung des Mathematikers ein und wurden ein unverzichtbarer Bestandteil in großen Teilen der Physik und der Ingenieurwissenschaften.

Jetzt wollen wir einige Abstraktionen der etwas abenteuerlicheren Art beschreiben. Die erste davon ist, was manchmal eine „abstrakte Fläche“ und manchmal etwas genauer eine „zweidimensionale Mannigfaltigkeit“ genannt wird. Vielleicht wäre „Designerfläche“ ein besserer Ausdruck, denn wie „Designerdrogen“, die nicht in der Natur vorkommen müssen, sondern gemäß unseren Vorgaben zusammengesetzt werden, ist eine Designerfläche etwas, dem wir durch unsere Definition eine Existenz als abstraktes Objekt geben. Sie mag in der realen Welt eine Entsprechung haben oder auch nicht.

Es gibt verschiedene Möglichkeiten, eine solche Fläche zurechtzuschneidern. Eine der einfachsten und nützlichsten ist, eine vertraute Form, etwa ein Rechteck, zu nehmen und zwei der Rechtecksseiten als dieselbe Seite einer neuen Fläche in unserer Phantasie zu erklären. Es ist, als würde man die Seiten einfach zusammenkleben. Wenn wir beispielsweise die beiden vertikalen Seiten eines Rechtecks durch Definition zusammenfallen lassen, erhalten wir eine abstrakte Fläche, die genau das Spielfeld einiger früher Videospiele wie Pac-Man darstellt, bei denen eine den Bildschirm am rechten Rand verlassende Figur unmittelbar auf der linken Seite wieder erscheint. Lange vor den Videospielen kam dieselbe Idee bei einer Abart des Schachs zur Anwendung. Darin galten alle gewöhnlichen Regeln, es wurden nur die linken und rechten Kanten des Schachbretts als dieselbe Linie behandelt, so daß eine Schachfigur über den rechten Rand hinausfahren und gleich darauf am linken Rand wieder auftauchen konnte. Dieses Spiel wurde „zylindrisches Schach“ genannt. Das hatte den einfachen Grund, daß die abstrakte Fläche, auf der es gespielt wurde, einer vertrauten Fläche des wirklichen Lebens, dem Zylinder, entspricht. (Wenn wir aus einem Stück Papier ein Rechteck ausschneiden und es wie in Bild 9.2 so biegen, daß die vertikalen Kanten zusammenkommen, entsteht ein Zylinder, welcher ein getreues Modell der abstrakt definierten Fläche ist.)

Eine geringfügige Variation dieser Idee liefert das *Möbiussche Band*, eine berühmte Fläche, die erst 1858 kreiert wurde. Wieder beginnt man mit einem gewöhnlichen Rechteck und erklärt die beiden vertikalen Seiten für identisch auf der Fläche, doch diesmal in umgekehrter Richtung: Das obere Eck der linken Seite kommt mit dem unteren Eck der rechten Seite zusammen und umgekehrt. Entspricht diese imaginäre Fläche von Möbius einer Fläche in der realen Welt? Die Antwort in diesem Fall

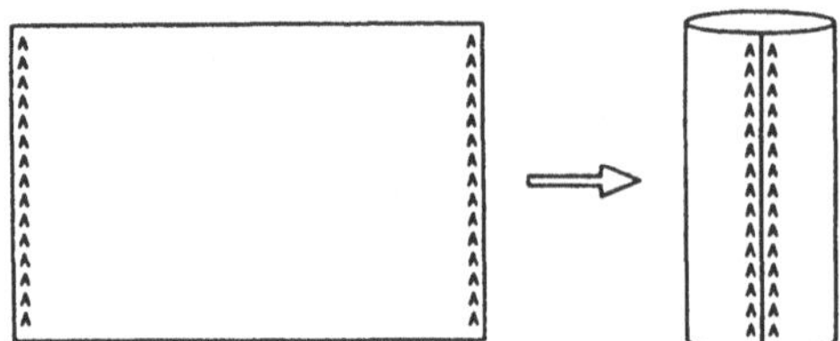

Bild 9.2 Konstruktion eines Zylinders aus einem Rechteck

lautet, vielleicht überraschend: „manchmal“. Wenn wir mit einem langen, schmalen Rechteck auf einem Blatt Papier beginnen, können wir es ausschneiden und so zusammenbiegen, daß die beiden schmalen Kanten – und oberes bzw. unteres Eck – zusammenkommen. Dazu führen wir eine Halbverdrehung durch, bevor wir die Kanten zusammenbringen. Ist andererseits das Rechteck genau oder ungefähr quadratisch, können wir es nicht so verwinden, daß wir die beiden Seiten in der angegebenen Weise zusammenbringen. In diesem Fall haben wir ein perfektes abstraktes Möbiussches Band, das keine reale Entsprechung besitzt. Da es keinerlei Schwierigkeiten bereitet, ein Videospiel so zu programmieren, daß es ohne Rücksicht auf die Gestalt des anfänglichen Rechtecks den Angaben für das Möbiussche Band folgt, erfreuen sich Möbiusbänder aller Größen und Formen derselben virtuellen Realität. Vom mathematischen Standpunkt sind alle Möbiusschen Bänder gleich, und ihre geometrischen Eigenschaften sind leicht zu bestimmen, ganz unabhängig davon, ob sie als physikalische Fläche zu verwirklichen sind.

Hat man das Prinzip einmal begriffen, kann man alle möglichen Arten neuer Flächen entwerfen. So bringt uns ein einfacher Schritt vom Zylinder zu einer Fläche, die *nie* eine reale Entsprechung hat. Doch bevor wir diesen Schritt unternehmen, mag es nützlich sein, einen Moment innezuhalten und die Frage zu berühren: Werden die „Designerflächen“ in Wirklichkeit „entworfen“ oder „entdeckt“?

Diese Frage ist Teil einer größeren, andauernden Debatte, ob die Mathematiker die von ihnen untersuchten Gegenstände wie Zahlen, Brüche, irrationale Zahlen, imaginäre Zahlen, Kreise, Sphären, Hypersphären, Pseudosphären usw. nun „erfinden“ oder „entdecken“. Das Möbiusband (Bild 9.3) ist in dieser Hinsicht ein gutes Beispiel. Es wird allgemein

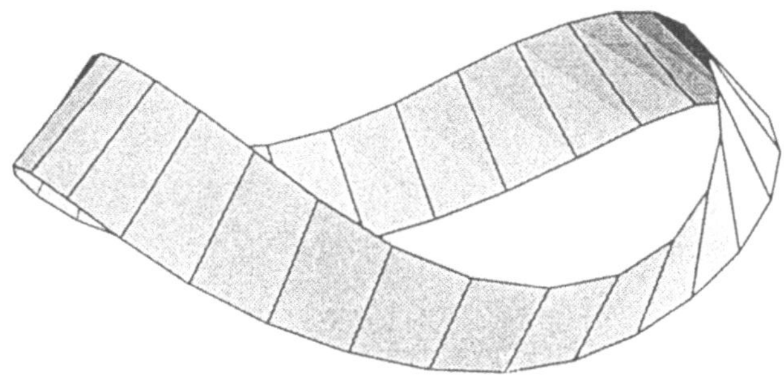

Bild 9.3 Möbiusband

als künstliches Objekt schlechthin angesehen, hergestellt durch Verwinden und Zusammenkleben eines Papierstreifens, woraus sich einige seiner paradoxen Eigenschaften ableiten. Will man beispielsweise einen gelben Strich entlang der Mittellinie der einen Seite und einen blauen auf der anderen ziehen, entdeckt man, daß das nicht geht: Es gibt keine „andere“ Seite. Beginnt man irgendwo mit dem gelben Strich und fährt längs der Mittellinie fort, bis man in den Ausgangspunkt zurückgekehrt ist, findet man, daß man beide Seiten der Oberfläche durchmessen hat, ohne jemals eine Kante zu kreuzen. Anders ausgedrückt ist das Möbiusband in gewissem Sinn eine Fläche mit nur einer Seite. Dasselbe gilt für die beiden „Kanten“ des Streifens, die sich bei näherem Hinsehen als eine einzige kontinuierliche Kante herausstellen. Diese Beobachtung wird auf dramatische Weise bestätigt, wenn man versucht, den Streifen entlang der Mittellinie entzwei zu schneiden, und findet, daß man einen einzigen zusammenhängenden Streifen der halben Breite des Originals erhalten hat.

Dieses seltsame Verhalten wird allgemein darauf zurückgeführt, daß das Möbiusband irgendwie mit Hilfe von Schere und Klebstoff zusammengebastelt wird und ganz im Gegensatz zu „realen“ Flächen wie der Oberfläche einer Seifenblase oder der Ellipsoidfläche der Erde steht. Doch wenn Sie beobachten wollen, wie die Natur ein Möbiusband produziert, biegen Sie einfach einen Draht zu einer Doppelschleife wie in Bild 9.4 und tauchen ihn in eine Schale mit Seifenlauge. Wenn Sie den Draht aus der Seifenlösung ziehen, haben Sie typischerweise einen Sei-

Bild 9.4 Eine Doppelschleife

fenfilm, der in zwei Teilen auf den Draht gespannt ist – der eine verläuft entlang der Kante, der andere über die Mitte. Läßt man dann (zum Beispiel mit Hilfe eines trockenen Fingers) den Film über der Mitte platzen, bleibt genau ein Möbiusband mit all seinen paradoxen Eigenschaften übrig. Nimmt man einen flüssigen Kunststoff statt der Seife, kann man ein dauerhaftes natürlich entstandenes Möbiusband schaffen, das so real wie eine beliebige Fläche ist. Und so hat August Möbius in einem Sinn die nach ihm benannte Oberfläche „erfunden" und in einem anderen Sinn eine Fläche „entdeckt", die in der physikalischen Welt – zumindest potentiell – existiert hatte.

Ein anderer Entwurf, mit dem die Mathematiker herauskamen, fängt wieder mit einem Rechteck an. In diesem Fall legen wir fest, daß die rechte und die linke Kante dieselbe Linie sind und *auch* daß die obere und die untere Kante identisch sind. Wieder können wir einen Videospiel-Beweis der virtuellen Realität solcher Flächen konstruieren, indem wir ein Weltraumabenteuer programmieren, in dem Raketenschiffe, die über den rechten Rand des Bildschirms hinausfliegen, am linken wieder erscheinen und solche, die den oberen Rand kreuzen, am unteren wieder erscheinen. Um die tatsächliche Realität solcher Flächen zu testen, würde man zunächst ein Rechteck biegen und die beiden vertikalen Kanten einander anpassen, wobei ein Zylinder entsteht (Bild 9.5). Dann entsprechen die ursprüngliche Ober- und die Unterkante des Rechtecks einem Paar von Kreisen oben und unten am Zylinder. Um Spitze und Sockel anzupassen, müßten wir den Zylinder, ohne ihn zu dehnen, irgendwie rundbiegen, um die beiden Kreise zusammenzubringen. Wir fühlen intuitiv und können das auch mathematisch beweisen, daß eine solche Konstruktion nicht möglich ist. Nichtsdestoweniger hat diese als

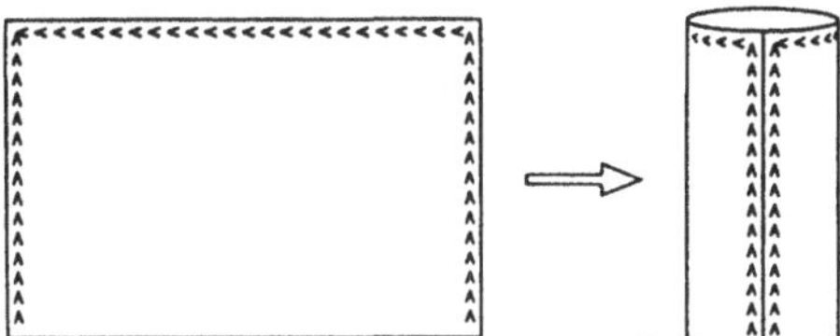

Bild 9.5 Vom Rechteck zum Zylinder

abstrakte Fläche ein langes und gesundes Leben gehabt. Sie wird unter dem Namen *flacher Torus* gehandelt. Das Wort „Torus“ spiegelt wieder, daß die Fläche in wichtiger Weise dasselbe wie die Oberfläche eines Doughnut [oder eines Rettungsrings] ist. Zum Beispiel entspricht eine horizontale Linie, die die beiden vertikalen Kanten des ursprünglichen Rechtecks verbindet, einem Kreis auf der Oberfläche.

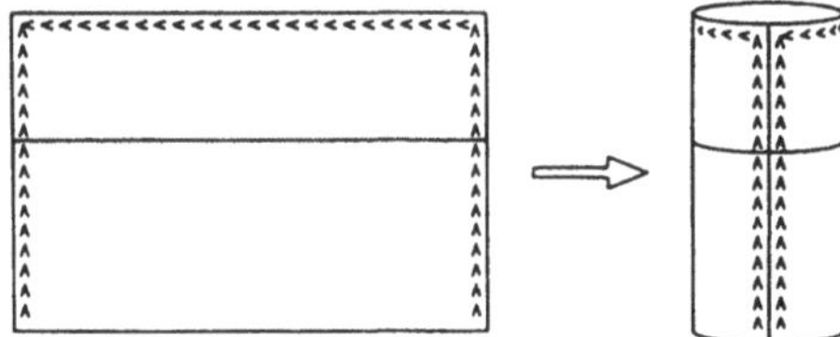

Bild 9.6 Eine Horizontale im Rechteck geht in einen Kreis auf dem Torus über.

Das ist einsichtig, wenn wir uns den ersten Schritt beim Versuch vorstellen, die Fläche durch Rundbiegen des Rechtecks zum Zylinder (Bild 9.6) zu verwirklichen.

Ebenso bildet eine vertikale Gerade, die die obere und die untere Kante des Rechtecks verbindet, einen Kreis auf der Oberfläche (Bild 9.7).

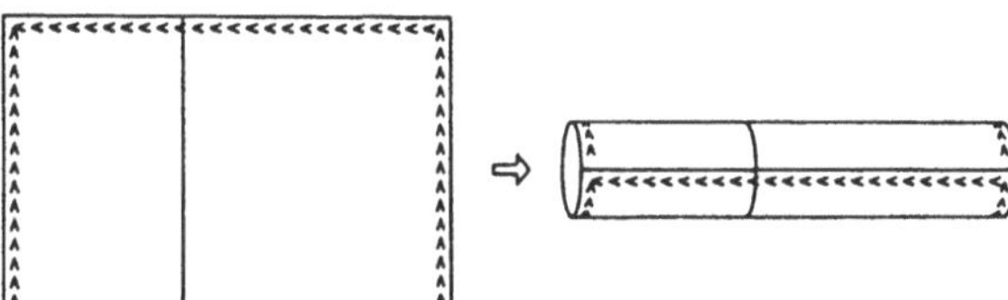

Bild 9.7 Eine Vertikale im Rechteck geht in einen Kreis auf dem Torus über.

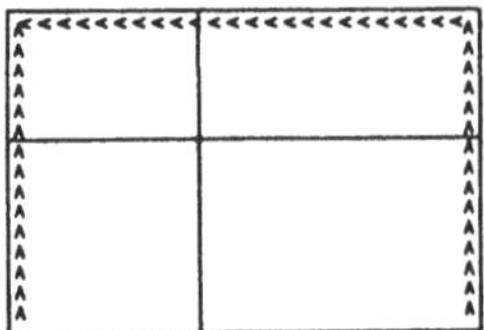

Bild 9.8 Kreuzung einer Vertikalen und einer Horizontalen

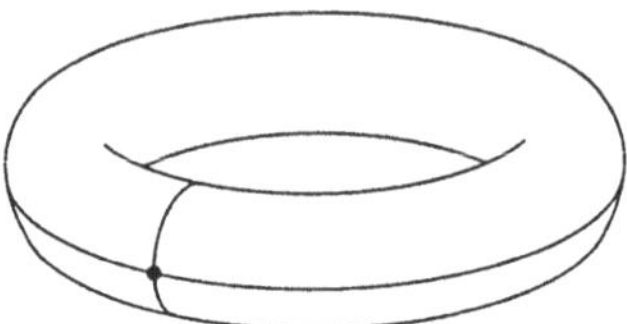

Bild 9.9 Zwei Kreise auf einem Torus können sich nur in einem einzigen Punkt schneiden.

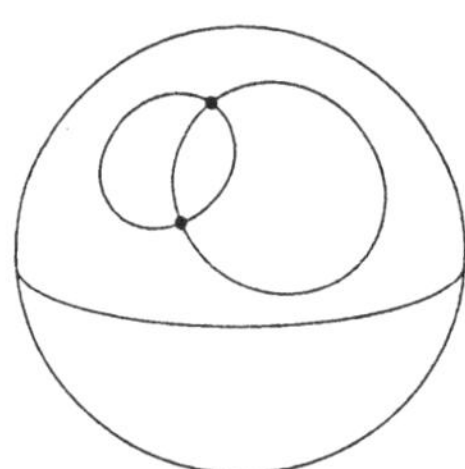

Bild 9.10 Zwei Kreise auf einer Kugel, die sich in einem Punkt kreuzen, müssen sich auch in einem zweiten Punkt kreuzen.

(Wir könnten damit beginnen, daß wir das Rechteck in der anderen Richtung rundbiegen, wobei die Ober- und die Unterkante verbunden werden.) Da sich eine horizontale und eine vertikale Linie in einem einzigen Punkt treffen, haben wir auf unserer Oberfläche zwei Kreise, die sich in einem einzigen Punkt kreuzen (Bild 9.8). Das kann auf der Oberfläche eines Doughnut leicht geschehen (Bild 9.9), aber nicht auf einer Kugel zum Beispiel. (Ein Kreis auf einer Kugel teilt die Kugel in zwei Teile, und ein zweiter Kreis, der den ersten einmal kreuzt, muß dies wie in Bild 9.10 ein zweites Mal tun.)

Im Gegensatz zu einem gewöhnlichen Torus oder einem Doughnut, die gekrümmt sind, ist ein flacher Torus, wie schon der Name sagt, nicht gekrümmt. Die Regeln der gewöhnlichen euklidischen Geometrie gelten für Dreiecke und andere Figuren auf der Oberfläche. Es ist merkwürdig, daß ein flacher Torus zwar nicht als eine gewöhnliche Oberfläche im Raum existiert, aber unter den Bewohnern der Riemannschen Hypersphäre zu finden *ist*. Dies wurde zuerst von dem englischen Mathematiker William Kingdon Clifford bemerkt, weswegen der flache Torus innerhalb einer Hypersphäre ein Clifford-Torus* genannt wird.

Diese wenigen Beispiele lassen die gewaltige Vielfalt von Flächen erahnen, die die Mathematiker entworfen haben, sobald sie einmal erkannt hatten, daß solche Flächen genau so interessant wie die in der Natur anzutreffenden sein können. Weitere Beispiele von besonderem Interesse firmieren unter den Namen „Kreuzhaube" (Henkel zweiter Art) oder „projektive Ebene", „Kleinsche Flasche" und „Kleinsche Kurve vom Geschlecht 3". Die beiden letzten sind nach Felix Klein, einem der führenden deutschen Mathematiker, benannt, der gegen Ende des 19. Jahrhunderts die Geometrie zu neuem Leben erweckte.

Ein Vorteil der ziemlich länglichen Bezeichnung „zweidimensionale Mannigfaltigkeit" für abstrakte Flächen besteht darin, daß sie die Richtung für den nächsten logischen Schritt der Abstraktion oder Verallgemeinerung weist: zu „dreidimensionalen Mannigfaltigkeiten" oder kurz „3-Mannigfaltigkeiten". Wiederum besteht die beste Beschreibung in Beispielen.

Stellen Sie sich einen gewöhnlichen Raum mit vier Wänden, dem Boden und der Decke vor. Denken Sie sich dann ein holographisches 3-D-Videospiel, in dem dreidimensionale Raumschiffe im Raum umherfliegen und gelegentlich auf eine der Wände treffen, worauf sie im entsprechenden Punkt auf der direkt gegenüberliegenden Wand wieder erscheinen. In derselben Weise können sie die Decke passieren und in dem direkt darunterliegenden Punkt am Boden wieder auftauchen. Alle Bewohner dieser speziell entworfenen Welt folgen demselben Muster. Die virtuelle Realität, in der sie dann hausen, nennen wir einen „3-Torus". Er ist eine dreidimensionale Mannigfaltigkeit, die das exakte Analogon des flachen Torus in zwei Dimensionen darstellt.

Ein weiteres Beispiel einer 3-Mannigfaltigkeit ist uns bereits vertraut: die Hypersphäre von Riemann, die auch unter der Bezeichnung „3-Sphäre“ läuft.

Bevor wir diesem Pfad in den Dschungel der Abstraktionen weiter folgen, könnten wir fragen, ob diese selbstentworfenen 3-Mannigfaltigkeiten Entsprechungen in der Wirklichkeit besitzen. Die Antwort lautet: Sie können. Die Kosmologen des 20. Jahrhunderts haben eine ganze Reihe von 3-Mannigfaltigkeiten untersucht, immer in der Hoffnung, eine zu finden, die die beste Annäherung an die Gestalt des Universums kurz nach dem Urknall abgibt. Sowohl die 3-Sphäre als auch der 3-Torus sind mögliche Kandidaten. Tatsächlich eröffnet der 3-Torus einen Weg aus dem Dilemma der Wahl zwischen einem endlichen und einem unendlichen Universum. Die moderne Version des Dilemmas ist wert, mehr im Detail geschildert zu werden.

Bevor wir die Struktur des Universums in Angriff nehmen, haben wir zuerst einen Schritt weiter in den Bereich der Abstraktion zu gehen: von 3-Mannigfaltigkeiten zu vierdimensionalen Mannigfaltigkeiten oder 4-Mannigfaltigkeiten. Die Grundaussage von Einsteins allgemeiner Relativitätstheorie ist: Immer wenn die Gravitation ins Spiel kommt – ob wir die Umlaufbahn eines künstlichen Satelliten um die Erde, die eines Planeten um die Sonne oder die eines Paares von Doppelsternen umeinander, die Nachbarschaft eines schwarzen Lochs oder die Struktur des ganzen Universums berechnen –, müssen wir unser System in Gestalt einer vierdimensionalen gekrümmten Raumzeit aufbauen, bei der die Gravitation in der Krümmung enthalten ist.

Wenn wir die Prämisse eines Urknalls akzeptieren – den verschiedene physikalische Indizien anscheinend bestätigen –, sind wir in der Lage, die Raum- und die Zeitkomponente der Raumzeit zu entflechten, indem man die Zeit als mit dem Urknall beginnend mißt und den Raum in jedem Augenblick nach dem Urknall als 3-Mannigfaltigkeit darstellt, die sich im Lauf der Zeit entwickelt. Ein solches Szenarium ist das ursprüngliche von Einstein vorgeschlagene Modell des Universums, in dem der Raum die Form einer 3-Sphäre annimmt. In diesem Modell ist die Krümmung des Universums positiv. Andererseits ist es auch möglich, daß die Krümmung des Universums Null ist. Ist das der

Fall, werden wir zu einem Modell des Universums geführt, in dem der Raum in jedem Augenblick nach dem Urknall statt einer 3-Sphäre der viel vertrautere euklidische Raum ist. Mit fortschreitender Zeit dehnt sich der Weltraum aus, und die Galaxien werden immer weiter verstreut. Dieser Prozeß dauert in diesem „offenen Universum" ewig fort. Im Gegensatz dazu wird ein Universum, in dem Raum und Zeit endlich sind, ein „geschlossenes Universum" genannt. Das Grundmodell eines geschlossenen Universums ist das 1922 von Alexander Friedmann vorgeschlagene. Das Friedmannsche Modell beruht wie das Einsteinsche auf Riemanns sphärischem Raum, aber im Friedmann-Universum durchläuft der Raum eine Expansionsphase, in der die Rate der Expansion allmählich abnimmt, bis jene irgendwann in der fernen Zukunft ganz zum Erliegen kommt. Ab dann zwingt die Gravitationsanziehung den Raum zur Kontraktion, bis der zuletzt in einer Implosion, die als Big Crunch bezeichnet wird, kollabiert.

Das „offene Universum" der modernen Kosmologie ist nicht so verschieden von der alten Anschauung mit einem Universum von unendlicher Ausdehnung, das irgendwann in der Vergangenheit begonnen hat und ewig fortbesteht. Der einzige wirkliche Unterschied ist, daß das Universum nicht mehr statisch ist, sich vielmehr fortwährend ausdehnt, indem sich die Galaxien immer weiter voneinander entfernen. Die Schwierigkeit mit dem modernen Bild des offenen Universums ist, daß es auf einer kosmischen Skala unter dem Image leidet, – wie Athene, die nach der alten Sage als Erwachsene aus dem Haupt des Zeus geboren wurde – im Augenblick des Urknalls plötzlich vollentwickelt und mit unendlichen Ausmaßen ausgestattet zum Vorschein gekommen zu sein. Als abstraktes mathematisches Modell des Universums ist es vollkommen akzeptabel, und es gibt keinen physikalischen Anhaltspunkt, der es ausschließen könnte. Dennoch sind viele von denen in der Geschichte, die tief in diese Frage eingedrungen sind, zu der Auffassung gelangt, daß ein unendliches Universum als abstraktes Modell sinnvoller ist* denn als physikalische Realität.

Wir könnten auch versuchen, ein Modell zu schneidern, das das Beste beider Universen vereint: vom offenen Universum das Charakteristikum der unendlichen Zeit mit einem sich ständig (allerdings mit stets abnehmender Geschwindigkeit) ausdehnenden Raum, während in jedem gegebenen Augenblick der Raum wie in einem geschlossenen Universum im Ausmaß endlich ist. Wir haben nur ein Problem: Wenn wir gewisse natürliche Annahmen über die Natur der Raumzeit akzeptieren und die Einsteinschen Gleichungen der allgemeinen Relativitätstheorie anwenden, dann werden wir im Fall der positiv gekrümmten Raumzeit zum in Raum und Zeit endlichen sphärischen Modell geführt, wohingegen wir für eine Raumzeit verschwindender Krümmung eine ewigwährende Zeit und einen Raum haben, der in jedem beliebigen Augenblick flach oder euklidisch ist.

Allerdings gibt es einen Weg aus diesem Dilemma. Eine der Gaben mathematischer Imagination ist die Konstruktion einer 3-Mannigfaltigkeit, die bei verschwindender Krümmung wie der euklidische Raum flach, aber in der Ausdehnung endlich ist: der 3-Torus. So wie ein beliebiges Stück des zweidimensionalen flachen Torus von einem Teil der euklidischen Ebene ununterscheidbar ist, so lassen sich ein Teil eines 3-Torus und ein entsprechender Teil des gewöhnlichen dreidimensionalen euklidischen Raums nicht auseinanderhalten. Aber der 3-Torus ist endlich, und wenn man in einer Richtung nur weit genug geht, kommt man schließlich in die Nähe des Ausgangspunkts zurück, wie das auch auf einer 3-Sphäre geschieht.

Und so haben wir eine dritte Alternative zum geschlossenen und offenen Universum: das halboffene Universum, das in der Größe endlich ist, sich aber in der Zeit beliebig erstreckt. Nach dem gegenwärtigen Kenntnisstand haben wir keine Möglichkeit, ein Modell den anderen beiden vorzuziehen.

Es gibt noch mehr abstrakte Mannigfaltigkeiten und mögliche Modelle für das Universum. Ein bedeutender Satz von Modellen entwickelte sich aus der „hyperbolischen Ebene“: dem Bereich der nichteuklidischen Geometrie nach Lobatschewski und Bolyai. Nach einem berühmtem Satz von Hilbert gibt es keine wirkliche Fläche im gewöhnlichen euklidischen Raum, die der hyperbolischen Ebene entspricht. Aber als abstrakte Fläche hat die hyperbolische Ebene in vielen Bereichen der Mathematik und Physik eine fruchtbare Rolle gespielt.

In der hyperbolischen Ebene hat man geodätische Dreiecke, Vierecke und andere Polygone wie in der gewöhnlichen euklidischen Ebene. Mit diesen Polygonen können wir dasselbe Spiel wie mit dem Rechteck treiben, um abstrakte Flächen wie das Möbiusband und den flachen Torus zu produzieren und eine ganze Reihe faszinierender neuer abstrakter Flächen zu erhalten. Einige davon entsprechen wie die Pseudosphäre realen Flächen im Raum, andere nicht.

Lobatschewski beschränkte sich nicht auf die zweidimensionale nichteuklidische Geometrie, sondern betrachtete den dreidimensionalen Raum genauso. Das Ergebnis ist der „hyperbolische Raum" – eine dreidimensionale Mannigfaltigkeit mit einer festen negativen Krümmung im Riemannschen Sinn. Im hyperbolischen Raum gibt es Zimmer mit vielen Wänden, und so wie wir den 3-Torus aus einem Zimmer im euklidischen Raum gestaltet haben, können wir viele neue 3-Mannigfaltigkeiten aus diesen Zimmern im hyperbolischen Raum entwerfen. Das Studium dieser Mannigfaltigkeiten, „hyperbolische Mannigfaltigkeiten" genannt, ist in der zweiten Hälfte des 20. Jahrhunderts eines der am aktivsten bearbeiteten Gebiete der Geometrie gewesen.

Die Kosmologen haben über Universummodelle mit positiver und verschwindender Krümmung hinaus solche mit negativer Krümmung vorgeschlagen. Diese Modelle sind ebenfalls offene Universen, die sich zeitlich unbegrenzt in Vorwärtsrichtung ausdehnen, und die Gestalt des Raums ist zu einer beliebigen Zeit nach dem Urknall eine hyperbolische Mannigfaltigkeit: eine negativ gekrümmte dreidimensionale Mannigfaltigkeit. Die übliche Annahme ist, daß der Raum unendliche Ausmaße besitzt und aus der Gesamtheit des hyperbolischen Raums besteht; eine andere, gleichrangige Option* ist, daß er eine der vielen hyperbolischen Mannigfaltigkeiten endlicher Größe* ist, die uns die Mathematiker entdeckt haben.

Und so hat sich Riemanns ursprüngliche Vision im Lauf der vergangenen anderthalb Jahrhunderte entwickelt. Indem er mit dem Versuch begann, eine mathematische Sprache zur Beschreibung der Raumgestalt zu finden, schuf er die Begriffe des gekrümmten Raums und der dreidimensionalen Mannigfaltigkeit. Er verallgemeinerte dann diese Begriffe auf Mannigfaltigkeiten von vier und mehr Dimensionen und erklärte, was in diesem Zusammenhang unter „Krümmung“ zu verstehen sei. Seine Ideen wurden von den Mathematikern aufgegriffen, die dann viele Beispiele solcher Mannigfaltigkeiten konstruierten und deren Eigenschaften studierten und dabei ein ganzes Gebiet der Mathematik, die Riemannsche Geometrie, schufen. Im 20. Jahrhundert ging die Entwicklung der Riemannschen Geometrie Hand in Hand mit Versuchen, die Geheimnisse des Universums zu lüften, während die von den Mathematikern heraufbeschwörten abstrakten Mannigfaltigkeiten weiterhin mögliche Modelle liefern, die anhand der Beobachtungen zu testen sind.

Während sich die Physiker allmählich daran gewöhnten, in vier und mehr Dimensionen zu denken und arbeiten, betraten die Mathematiker Bereiche, die noch fremder – sogar bizarr – wirkten. Bereits 1918, ein Jahr, nachdem Einstein sein Modell des Universums in Form einer positiv gekrümmten vierdimensionalen Raumzeit vorlegte, schlug der deutsche Mathematiker Felix Hausdorff eine nie zuvor ins Auge gefaßte Möglichkeit vor: eine *gebrochene* Dimension. Die Bedeutung von Hausdorffs neuem Begriff war nicht sofort offenbar. Als jedoch die Nützlichkeit seiner Ideen zunahm, erlangten sie schrittweise Akzeptanz und zuletzt enthusiastische Aufnahme als wesentlicher Bestandteil der Mathematik. Aber erst 1975 wurde Hausdorffs Begriff der gebrochenen Dimension außerhalb der Welt der Mathematik bekannt. Benoit Mandelbrot*, ein bei der IBM beschäftigter Mathematiker, schrieb ein Buch über Gegenstände mit einer gebrochenen Dimension, in dem er den Begriff „Fraktal“ zu ihrer Bezeichnung prägte und die Schlüsselaussage machte, die Fraktale seien nicht bloß eine Ausgeburt der überhitzten Imagination der Mathematiker, vielmehr in der Natur eher die Regel als die Ausnahme. In den vergangenen zwanzig Jahren haben die Anwendungen der Fraktale von der Chemie und Metallurgie bis zum Entwurf imaginärer Landschaften im Film gereicht.

Das ursprüngliche Problem, mit dem sich Hausdorff herumschlug, war eines, das die Mathematiker in der ganzen Geschichte geplagt hatte: Wie bestimmt man den Inhalt einer Fläche? Die intuitive Vorstellung des Flächeninhalts liegt auf der Hand. Sie ist einfach die Frage nach der Menge Farbe, die man beispielsweise braucht, eine Fläche zu streichen. Besteht die Fläche aus den Wänden und der Decke eines üblichen rechteckigen Raums, ist der Inhalt jedes rechteckigen Teils einfach Länge mal Breite. Für einen achteckigen Raum mit einer achteckigen Decke ist die Rechnung etwas schwieriger, aber immer noch elementar. Doch was ist, wenn man die Farbe für eine kreisförmige Kuppel braucht? Oder für die elliptischen Kuppeln einiger italienischer Kathedralen? Oder für eine von Gaudís freigestalteten Kreationen in Barcelona? Oder für den Außenanstrich eines Passagierschiffes? Je weiter man sich von einfachen Formen entfernt, desto dorniger wird das Flächenproblem. Im 19. Jahrhundert wurden viele Vorschläge zur Bestimmung des Inhalts allgemeiner Flächen gemacht, aber zu jedem neuen Vorschlag wurden Beispiele konstruiert, die die Schwäche der vorgeschlagenen Methode dokumentierten.

Ein einfacheres, aber ähnliches Problem war die Bestimmung der Länge einer Kurve. Man hatte die Sache für erledigt gehalten, als um die Jahrhundertwende ein ganz seltsames Phänomen auftauchte. Es stellte sich heraus, daß manche Kurven und Flächen um so komplizierter wurden, je genauer man sie ansah. Den endgültigen Schlag bekam der naive Glauben, man könne sich getrost auf die geometrische Intuition verlassen, von der Entdeckung einiger Objekte, bei denen es nicht einmal klar war, ob es sich dabei um eine Kurve oder eine Fläche handelte! Eines davon, die 1890 von dem italienischen Mathematiker Giuseppe Peano entdeckte „Peano-Kurve", scheint aufgrund seiner Konstruktion eine Kurve zu sein, geht aber tatsächlich durch jeden Punkt eines Quadrats. Sollte man von seiner Länge oder seinem Flächeninhalt sprechen?

Das Beispiel, das zum Archetyp der künftigen Theorie der Fraktale geriet, wurde 1904 von dem Mathematiker Helge von Koch im ersten Band einer neuen, der Mathematik und Astronomie gewidmeten Zeitschrift diskutiert. Es wird allgemein die „Schneeflockenkurve" oder „Kochsche Kurve" genannt. Sie erinnert einen an eine Schneeflocke, sowohl wegen ihrer sechszähligen Symmetrie als auch wegen ihres Spitzensaums.

Die Konstruktionsmethode, nach der Kochs abstrakte Schneeflocke erzeugt wird, ist ganz analog zu dem Prozeß, der die Schneeflocke in der Wirklichkeit bildet. Es handelt sich um einen Prozeß der Anlagerung, der mit einem zentralen Keim beginnt, der einen symmetrischen Satz

Bild 9.11 Die ersten sechs Wachstumsstadien einer Kochschen Schneeflocke

von sechs Kristallen wachsen läßt, von denen wieder jeder weitere Kristalle wachsen läßt usw. Kochs abstrakte Schneeflocke kann man sich in derselben Weise vorstellen, wobei die hinzukommenden „Kristalle“ alle die vereinfachte Form gleichseitiger Dreiecke haben. In jedem Stadium haben die neu angefügten Dreiecke Seiten, die nur ein Drittel so lang sind wie die im vorausgegangenen Stadium. Den zentralen Kern kann man sich als ein einzelnes großes gleichseitiges Dreieck denken, das die sechszählige Symmetrie noch nicht aufweist. Aber nach dem ersten Stadium, wenn an alle Seiten des zentralen Dreiecks jeweils ein gleichseitiges Dreieck von Drittelgröße angebracht ist, hat man einen regulären sechszackigen Stern vorliegen. Im nächsten Stadium läßt jede Kante des Sterns ein weiteres gleichseitiges Dreieck auswachsen, das ein Drittel so groß ist wie die vorangehenden. Dieser Prozeß wiederholt sich ohne Ende (Bild 9.11). Das Endergebnis ist die Kochsche Schneeflocke, und der filigrane Rand dieser Schneeflocke ist die „Schneeflockenkurve“ (Bild 9.12).

Die Frage, die die Forschungslinie ins Leben rief, die zu den gebrochenen Dimensionen führte, war, wie die Gesamtlänge der Schneeflockenkurve zu bestimmen sei. Um diese Frage zu beantworten, könnten wir eines der Kurvenstücke selbst als „Maßstab“ zur Bestimmung der Gesamtlänge nehmen. Da die ganze Kurve aus zwölf identischen Stücken aufgebaut ist, würde die Gesamtlänge, wenn wir eines die-

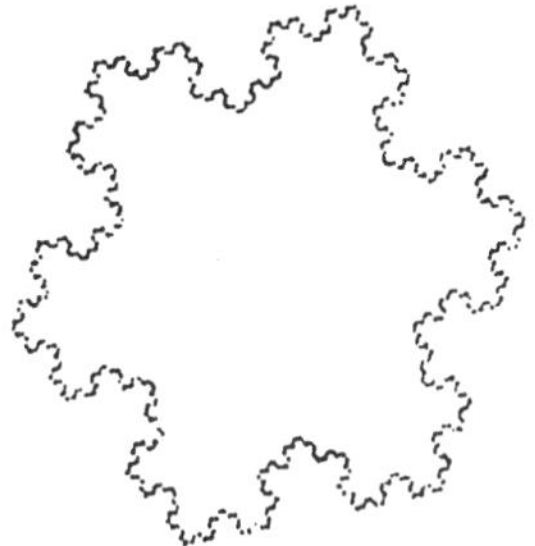

Bild 9.12 Die Schneeflockenkurve

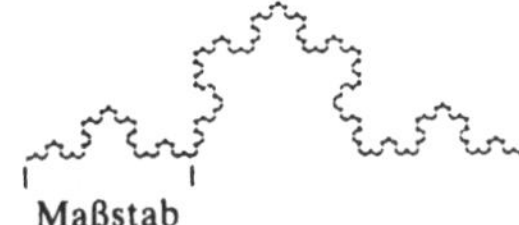

Bild 9.13 Das obere Drittel der Schneeflockenkurve

ser Stücke als Maßstab verwenden würden (s. Bild 9.13), gerade zwölf „Einheiten" betragen. Aber wenn wir versuchen, die Länge des oberen Drittels der Schneeflockenkurve zu bestimmen, ergibt sich ein Problem. Da es aus vier identischen Kopien unseres „Maßstabs" besteht, sollte das obere Drittel die Länge vier Einheiten haben. Aber sie kann auch in einer anderen Weise ausgerechnet werden: Wenn wir unseren Maßstab einfach um den Faktor drei maßstäblich vergrößern, erhalten wir eine identische Kopie des *ganzen oberen Drittels* der Schneeflockenkurve. Das würde bedeuten, daß die Länge des oberen Teils der Kurve das Dreifache des Maßstabs betrüge und daß die Länge drei statt vier Einheiten wäre.

Es gibt zwei Lösungen dieses scheinbaren Paradoxons. Die erste, die im 19. Jahrhundert die Standardantwort gewesen wäre, ist, daß die Länge des „Maßstabs" selbst unendlich ist, weswegen die Länge des oberen Drittels der Schneeflockenkurve ebenfalls unendlich ist; ob wir sie dann als drei mal unendlich oder vier mal unendlich ansehen, ist unerheblich.

Hausdorffs Lösung war ein radikaler Bruch. Er sagte, das Problem liege darin, daß die „Schneeflockenkurve" nicht wirklich eine „Kurve" sei. Eine Kurve ist etwas Eindimensionales, während eine Fläche zweidimensional ist. Die von Koch entworfene „Kurve" sei in Wirklichkeit ein Objekt mit einer gebrochenen Dimension, meinte er, und die Dimension liege irgendwo zwischen eins und zwei. Eine Methode, die genaue Dimension festzustellen, sei die Skalierung.

Als die Freiheitsstatue gebaut wurde, war der erste Schritt die Konstruktion eines Miniaturmodells. Ein maßstabsgetreuer Bau der Statue nach diesem Modell in einem Schritt wäre ein sehr riskantes Unterfangen gewesen. Der Erbauer entschied sich zur Konstruktion mehrerer Zwischenmodelle, wobei die Vergrößerung bei jedem Schritt bescheiden war. Ein Grund zur Vorsicht besteht darin, daß bei jeder Verdopplung des Maßstabs das Volumen – und damit das Gewicht – um den Faktor acht zunimmt. Andererseits wird die Stärke der Stützen, die von den Querschnittsflächen abhängt, nur mit einem Faktor vier multipliziert. Dies führt zu der unausweichlichen Schlußfolgerung, daß jede beliebige Form, wenn man nur die Vergrößerung entsprechend wählt, unter ihrem Gewicht zusammenbricht. Ein Käfer in Elefantengröße könnte sich nie vom Boden erheben; seine Beine würden dem Gewicht nicht standhalten.

Lassen Sie uns zur Freiheitsstatue zurückkehren: Wenn man die Größe der Statue verdoppelt, verdoppelt man die Länge jeder Kurve auf der Statue, vervierfacht man die zum Anstrich nötige Farbmenge und braucht man achtmal soviel Material zum Aufbau. Allgemein: Wenn man die Größe eines Gegenstands um einen gegebenen Faktor erhöht, dann wird die Länge jeder Kurve darauf mit demselben Faktor multipliziert, der Inhalt jedes Flächenstücks mit dem *Quadrat* und das Volumen des Gegenstands mit der *dritten Potenz* des Faktors multipliziert.

Diese Beziehung zur Skalierung hilft die Essenz der Dimension zu resümieren. Eine Kurve ist *ein*-dimensional, indem sich die Länge um genau den Skalenfaktor ändert. (Ein Kreis vom Durchmesser 1 hat die Länge π, und ein Kreis vom Durchmesser 3 hat die Länge 3π.) Eine Fläche ist *zwei*-dimensional, weil sich ihr Inhalt mit dem *Quadrat* des Skalierungsfaktors erhöht. (Die Fläche innerhalb eines Kreises vom Radius 1 ist π, die eines Kreises vom Radius 3 ist 9π.) Ein Körper ist *drei*-dimensional, weil sein Volumen mit der *dritten Potenz* des Skalierungsfaktors multipliziert wird. Die *Dimension* ist einfach der *Exponent des Skalierungsfaktors*, den man zur Bestimmung der entsprechenden Größe im vergrößerten Objekt braucht.

Bei der Schneeflockenkurve hatte unser Maßstab die eigentümliche Eigenschaft, daß seine Größe bei einer Vergrößerung um den Faktor 3 um den Faktor 4 anwuchs, denn das Endergebnis bestand aus genau 4 Kopien des ursprünglichen Maßstabs. Wäre er wirklich eine „Kurve“, hätte sich seine Größe um denselben Faktor 3 erhöhen müssen. Wäre er zweidimensional, hätte seine Größe mit dem *Quadrat* von 3, also 9, multipliziert werden müssen. Deshalb entschied Hausdorff, daß die Dimension der Schneeflockenkurve *größer* als 1, aber *kleiner* als 2 sein müsse. Und er gibt in der Tat einen genauen Wert für die Dimension* an, der etwas über $1 + \frac{1}{4}$ liegt.

All das mag auf den ersten Blick wenig mit der alltäglichen Realität zu tun haben – selbst mit der Realität einer wirklichen Schneeflocke. Aber es stellt sich heraus, daß es mit einer der grundlegenden Fragen der Kosmologie, nämlich dem „kosmologischen Prinzip“, eng verknüpft ist – dem Prinzip, das die globale Verteilung der Galaxien im Universum betrifft. Nach dem kosmologischen Prinzip ist die Verteilung der Masse im Universum, sofern man sie auf einer hinreichend großen Skala betrachtet, wie homogenisierte Milch: kein Rahm im einen Teil und wäßrige Flüssigkeit in einem anderen, sondern überall dasselbe Bild. Das ist offenbar *nicht* der Fall, wenn das Universum im kleineren Rahmen betrachtet wird. Es *gibt* Sterne und Sternhaufen, Galaxien und Galaxienhaufen sowie Supercluster von Galaxienhaufen.

Der Astronom und Kosmologe Gérard de Vaucouleurs vermutete in einem berühmten Artikel, der 1970 unter dem Titel „The Case for a Hierarchical Cosmology“ veröffentlicht wurde, es spreche nicht mehr für die Annahme, daß sich die Verteilung der Galaxien schließlich in einer „homogenisierten“ Weise ausglätten würde, als für den Schluß, daß sich die Anhäufung von Sternen und Galaxien im ganzen Universum ohne Rücksicht auf die Skala fortsetze. Auf der Grundlage der damals verfügbaren Beobachtungsdaten berechnete Vaucouleurs die Galaxienverteilung in einer numerischen Weise, die Mandelbrot später so deutete*, daß die Geometrie aller Galaxien des Universums ein Fraktal darstelle, dessen Dimension dicht unter $1 + \frac{1}{4}$ (also ein wenig unter dem Wert der Schneeflockenkurve) liege.

In dem Vierteljahrhundert seit dem Vaucouleurs-Artikel wurden immer größere Himmelsdurchmusterungen vorgenommen, wobei zum Teil das Ziel war, die Frage: Glättung im Großen oder Haufenbildung? zu entscheiden. 1985 schlossen Margaret Geller, John Huchra und Valerie de Lapparent am Smithsonian Astrophysical Observatory der Harvard University eine andere Art Durchmusterung ab, bei der sie einen langen, dünnen Streifen am Himmel gewählt und sich auf die Tiefendimension konzentriert hatten: Wie weit ist jede Galaxie in diesem Streifen von uns entfernt. Das auffälligste Ergebnis dieser eher dreidimensionalen Himmelsdurchmusterung war die Aufspürung einer neuen großräumigen Struktur im Universum: eine Art Seifenlaugen- oder Schaum-Effekt mit großen „Blasen", die in ihrem Innern sehr wenige Galaxien enthielten und von einer dünnen „Haut" umschlossen waren, in der sich die Galaxien häuften. Bei anschließenden Durchmusterungen der angrenzenden Himmelsstreifen produzierte das Team weitere Karten, die den ursprünglichen Befund bestätigten. Die Zusammenfügung der Streifen zu einem dreidimensionalen Bild einer erheblichen Scheibe des Universums enthüllte ganz klar eine Konzentration der Galaxien auf einer viel größeren Skala, als je zuvor registriert worden war. Diese Konzentration, die sich fast über die gesamte Breite der Karte hinzog, wurde mit dem Namen „die Große Mauer" belegt und hat weitere Zweifel an der Glattheit des Universums auf einer genügend großen Skala ausgelöst. Und so ist das fraktale Universum immer noch im Rennen. Andererseits waren Versuche, eine fraktale Struktur* des Universums mit allen Beobachtungsdaten – unter Einschluß der bemerkenswert glatten kosmischen Mikrowellen-Hintergrundstrahlung – in Einklang zu bringen, nicht gerade erfolgreich.

Natürlich gibt es im Hinblick auf die Natur des Universums viele Möglichkeiten, außer glatt oder fraktal zu sein. Es ist wirklich aufregend, daß sich die Beobachtungstechnik so schnell fortentwickelt hat, daß die Mathematiker und Kosmologen bald endgültige Antworten auf diese und andere grundsätzliche Fragen über die Gestalt und Textur des Universums haben mögen.

Aber selbst wenn das eintreten sollte, fahren die Geometrie-Experten fort, neue Geometrien zu ersinnen, die allesamt faszinierende Welten für sich sind und von zuvor ungeahnten Arten bevölkert werden, bei denen selbst die Begriffe „Gestalt“ und „Größe“ eine neue Bedeutung haben können. Die Lektion der Vergangenheit besteht darin, daß wir nicht im Vorhinein entscheiden können, wie lange wir wohl auf eine Nutzanwendung einer neuen mathematischen Schöpfung warten müssen oder wo sich diese in der wirklichen Welt ergeben könnte. In der Zwischenzeit können wir das Produkt von dreitausend Jahren geometrischem Erfindergeist in Form eines Baumes[2] zeichnen, dessen Wurzeln noch weiter zurückreichen und dessen Zweige das Ergebnis von Jahrhunderten von Entdeckung und Schöpfung darstellen. Mit und ohne Anwendungen sind die Zweige und Früchte dieses Baums wert, als ein bemerkenswertes Produkt menschlicher Imagination betrachtet zu werden. Am Ende eines weiteren Jahrtausends ist dieser Baum gesund, kräftig und in vollem Laub, älter als jeder Redwood-Mammutbaum und ebenso majestätisch.

[2] Anm. d. Übers.: Dieser Baum wird im Original „Geometree“ genannt.

Nachspiel

Der brillante und eigenwillige amerikanische Wissenschaftler Richard Feynman* war ein genauer Beobachter und Kenner des komplizierten Tanzes, den die beiden Partner – die Physik und die Mathematik – ohne Ende aufführen: Einmal sind sie engumschlungen und fast ununterscheidbar, dann drehen sie sich in zunehmender Entfernung voneinander und betrachten sich behutsam aus der Distanz. In *The Character of Physical Law** schreibt Feynman: „Jedes unserer Gesetze ist eine rein mathematische Aussage in einer ziemlich komplexen und abstrusen Mathematik ... Und warum? Ich habe nicht die leiseste Ahnung." Und später: „Jemandem ohne Mathematikkenntnisse ist schwer ein wirkliches Gefühl der Natur zu vermitteln."

Ich habe in diesem Buch versucht, einen Pfad durch die mathematische Landschaft zu ziehen, der zu einer Aussicht auf einen Aspekt der Natur führt: die Natur des Kosmos. Unter *Kosmos* verstehe ich das Universum in seiner Gesamtheit, das auf seiner größten Skala Ordnung, Struktur und Gestalt besitzt. Diese Gestalt ist ohne die Sprache der Mathematik nicht zu erkennen oder gar zu beschreiben. Wenn man Mathematik studiert, um die Gesetze der Physik zu verstehen, ist das durchaus mit dem Lernen einer Fremdsprache zu vergleichen, um von dem besonderen Charm und der Schönheit der in ihr verfaßten Prosa und Poesie einen Begriff zu bekommen. Dabei kann einen plötzlich die Sprache selbst faszinieren. Und so verhält es sich mit vielen Teilen der Mathematik. Wenn die Mathematik zunächst auch geschaffen wurde, um uns tiefere Einsicht in die Natur der uns umgebenden Welt zu vermitteln, entwickelt sie doch ihre eigene Struktur und Ordnung, ihre eigene Schönheit und Faszination. Ich hoffe, daß die duale Natur der Mathematik – ihre innere Schönheit und ihr Vermögen, die verborgene Struktur der äußeren Welt zu enthüllen – im Verlauf dieser Erzählung deutlich geworden ist.

Danksagung

Zu allererst habe ich mich bei James L. Adams zu bedanken, der mich vor vielen Jahren mit der Frage konfrontierte: Die Mathematik ist doch so etwas Schönes – wie kommt es dann, daß die Studenten vier Jahre ins College gehen können und viele Mathematikkurse besuchen, ohne davon etwas zu merken? Er und ich ließen uns auf ein Projekt ein, diese Sachlage zu verbessern. Sandy Fetter schloß sich uns an, einen Kurs an der Stanford University unter dem Titel „Die Natur der Naturwissenschaften, der Mathematik und Technologie" zu entwerfen und abzuhalten, in dem wir versuchten, das Wesentliche unserer jeweiligen Fachgebiete zu vermitteln und viele Verbindungen zwischen ihnen aufzuzeigen. Das Buch entstand aus einem der Astronomie und Kosmologie gewidmeten Teil des Kurses. Darin zeigten wir, wie die Technologie der astronomischen Geräte, die Wissenschaft der Astrophysik, die Relativitätstheorie und die mathematischen Disziplinen Geometrie und Topologie alle zusammenwirkten, um das bemerkenswerte Bild aufzubauen, das wir heute vom ganzen Universum haben. Ich stehe ferner in der Schuld bei Jim und Marian Adams wegen ihrer steten Unterstützung und Gastfreundschaft während der langen Entwicklungsphase von den ersten Planungsstadien, über den Kurs selbst hinweg, bis zum vorliegenden Buch.

Mein Dank gilt ferner einer Reihe von Leuten, die in verschiedenen Stadien bei der Abfassung des Buches eine bedeutende Rolle spielten:

- Wilbur Knorr für die ständige Bereitschaft, Fragen zur Geschichte der Mathematik und Astronomie, besonders hinsichtlich der alten Griechen, zu beantworten.

- Michael Barall für viele aufschlußreiche Unterhaltungen über Kosmologie sowie für zahlreiche Vorschläge, Verbesserungen und Kommentare zu frühen Manuskriptversionen.

- Paul Alpers, Gordon Godberson, David Hoffman und Henry Landau für das Lesen des ganzen Manuskripts, für viele wertvolle Kommentare, ferner für Hilfe verschiedener Art.

- Jo Butterworth für vielerlei Hilfe, insbesondere in ihrer Eigenschaft als Bibliothekarin; auch Ralph Moon für weitere Bibliotheksdienste und dem Bibliothekssystem von Berkeley (University of California) für die glückliche Kombination der Mathematik und Astronomie in einer Bibliothek.

- Elizabeth Katznelson und Sharlene Pereira für die geduldige und verständige Übertragung jeder neuen und mit vielen Anmerkungen versehenen Manuskriptversion in ein sauberes und akkurates Typoskript.

- Susan Bassein für ihre außerordentliche Mühe bei der Herstellung akkurater und ansehnlicher Illustrationen.

- Jill Kneerim dafür, daß sie weit mehr als eine ausgezeichnete Literaturagentin war, die während des ganzen Publikationsverfahrens weisen Rat und Hilfe anbot.

- Roger Scholl, meinem Lektor beim Verlag Anchor Books, dafür, daß er sich unermüdlich mit jedem Detail beim Abfassen, bei der Vorbereitung und Produktion des Buches herumschlug und eine Zahl von Vorschlägen machte, die in der Endversion berücksichtigt wurden.

- Unter den vielen anderen, die bei dem langen Prozeß der Realisierung dieses Buches in der einen oder anderen Weise geholfen haben, möchte ich mich bedanken bei Wendy Lesser, Gayle Greene, Diane Middlebrook, Carl Djerassi, Barrett O'Neill, Alexander Fetter, Hermann Karcher, Robert Jourdain, Nancy Shaw, Bud Squier, Judy Squier, Freda Birnbaum, Arlene Baxter, Julie Driscoll, William Blackwell, Joe Christy, Jean-Pierre Bourguignon und bei den zahlreichen Kollegen und Mitgliedern des Lehrkörpers sowohl an der Stanford University als auch am Mathematical Sciences Research Institute in Berkeley, ferner bei den vielen Studenten, deren scharfsinnige Fragen und deren Bekunden von Interesse und Verwirrung mir als Führung und Inspiration bei der Niederschrift gedient haben.

- Schließlich bin ich der Sloan Foundation zu großem Dank verpflichtet wegen der großzügigen finanziellen Unterstützung während der Ausarbeitung des Kurses, der zu diesem Buch führte, wie des Buches selbst.

Bemerkungen

Ich stehe in der Schuld bei folgenden Büchern, die als Quellen von vielen der hier angeführten Zitate gedient haben:

- Cole, K. C. *Sympathetic Vibrations: Reflections on Physics as a Way of Life.* New York: William Morrow, 1985 (Feynman-Zitat auf S. 220).
- Moritz, Robert Edouard. *Memorabilia Mathematica: The Philomath's Quotation Book.* New York: Macmillan, 1914. Nachdruck durch die Mathematical Association of Amerika, 1993.
- Schmalz, Rosemary. *Out of the Mouths of Mathematicians: A Quotation Book for Philomaths.* Washington, D.C.: Mathematical Association of America, 1993.
- Das Dyson-Zitat in Kapitel 8 ist aus „Mathematics in the Physical Sciences", *Scientific American*, September 1964.

Vorwort

S. XIII „berichteten die Zeitungen": Die Verlautbarung der Entdeckung erfolgte durch George Smoot von Berkeley, den Leiter der Forschergruppe.

S. XIII „Schnappschuß": Das vorgelegte Bild ist ein „Schnappschuß" in dem Sinne, daß ein bestimmter Augenblick in der Geschichte des Universums eingefangen ist. Was die Herstellung betrifft, ist es weit davon entfernt, ein „Schnappschuß" zu sein: Es ist das Endergebnis der Bearbeitung riesiger Mengen von Rohdaten unter Verwendung ausgefeilter statistischer Methoden und Lösung eines Systems von etwa 6 000 mathematischen Gleichungen. Schließlich wurde das Resultat in Bildform übersetzt.

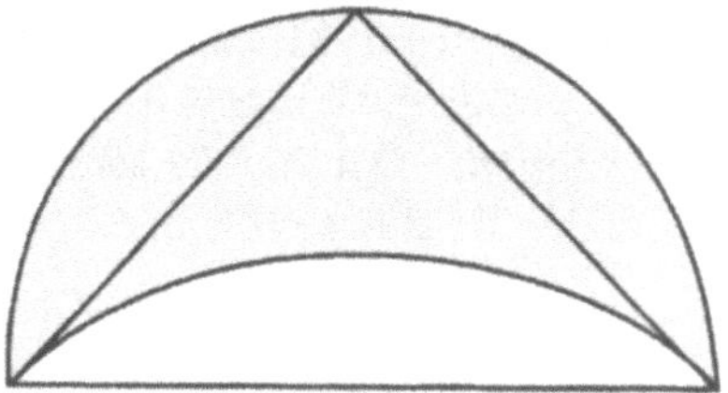

Bild B.1 Lunulae Hippocratis

S. XIII „Moment, in dem der Raum entstand“: Der Fachterminus für diese Phase der Evolution des Universums ist *Entkopplung*. Wenn es heißt, der „Raum hätte in diesem Augenblick begonnen“, ist gemeint, daß vor der Zeit der Entkopplung kein „Raum“ im Sinne von Raum zwischen Körpern oder „äußerem Raum“ existiert hat. Räumliche Messungen gab es dennoch, so wie es sie im Innern der Sonne gibt.

Kapitel 1

S. 4 „die Babylonier“: Siehe Otto Neugebauer, *The Exact Sciences in Antiquity*, Brown University Press, Providence, 1957.

S. 4 „zu neuen Entdeckungen“: Einige der frühesten, erhaltenen geometrischen Beweise stammen aus dem 5. Jahrhundert v. Chr. Ein Beispiel, das auf Hippokrates von Chios zurückgeht, betrifft den überraschenden Umstand, daß man den Inhalt der getönten mondsichelförmigen Fläche in Bild B.1 genau angeben kann. Hippokrates gab einen vollständigen Beweis, daß die Fläche genau dieselbe wie die des Dreiecks in der Figur ist.

Weitere Hintergrundinformation finden Sie in Wilbur Knorrs Buch *The Ancient Tradition of Geometric Problems*, Dover, New York, 1993, S. 26–32.

S. 5 „Euklids Leben“: Das meiste des hier Gesagten findet sich im *Oxford Classical Dictionary*.

S. 6 „zum Vorteil wie zum Nachteil“: Die Faszination der Kreise führte zuweilen zur Besessenheit. Kopernikus baute wie Ptolemäus ein Planetensystem auf, indem er Kreise auf Kreise stellte; selbst Kepler war lange blind gegenüber dem von ihm selbst zusammengetragenen Material, bevor er erkannte, daß die Planetenbahnen keine Kreise sind, sondern Ellipsen. (s. die exzellente Darstellung der Geschichte in Arthur Koestler, *The Watershed*, Anchor, New York,

1960, Nachdruck durch die University Press of America, 1984. „The Watershed“ ist auch als Teil IV von Koestler, *The Sleepwalkers*, Grosset & Dunlap, New York, 1959 [deutsche Ausgabe: *Die Nachtwandler. Das Bild des Universums im Wandel der Zeit.* Übersetzung von W. M. Treichlinger, Bern, Scherz (1959)] erschienen.)

S. 7 „von Aristoteles ...“: Aus Aristoteles' Buch *Über den Himmel*, Buch 2, Kapitel 14.

S. 8 „in höheren Breiten“: Die *geographische Breite* eines Ortes auf der Erde ist ein Maß für seine Entfernung vom Äquator. Sie wird in *Graden* ausgedrückt, wobei man am Äquator mit 0° beginnt und an den Polen 90° erreicht. Die *Breitenkreise* sind Kreise konstanter Breite und verlaufen parallel zum Äquator.

S. 10 „*Wintersonnwende*“: Zwei andere Schlüsseldaten des Jahres sind die Tagundnachtgleichen im Frühling und Herbst. An diesen Tagen geht die Sonne genau im Osten auf und im Westen unter. An allen anderen Tagen geht die Sonne entweder südlicher (im Winter) oder nördlicher (im Sommer) auf, und die Spitze des Gnomonschattens zieht eine Spur, die im Winter nach Norden und im Sommer nach Süden gebogen ist. An den Tagundnachtgleichen beschreibt die Schattenspitze eine Gerade in Ost-West-Richtung.

S. 11 „den Winkel zwischen den Vertikalen in Alexandria und Assuan“: Ein wesentliches Element in der Rechnung des Eratosthenes besteht darin, daß die Entfernung der Sonne im Vergleich zu allen anderen ins Spiel kommenden Distanzen so groß ist, daß bei der damaligen Meßgenauigkeit die Sonnenrichtung für alle Punkte der Erde als gleich angesehen werden darf; mit anderen Worten: Die Linien von Alexandria und Assuan zur Sonne können als parallel angenommen werden. Unterschiedlich sind die „vertikalen“ Richtungen in den Punkten, und dieser Unterschied spiegelt die Erdkrümmung wider. In einigen weitverbreiteten Büchern (*The Story of Maps* von Lloyd A. Brown, Brown and Company, Boston, 1949, S. 31; *The Shape of the World* von Simon Berthon und Andrew Robinson, Rand McNally, Chicago, 1991, S. 23) sind die Darstellungen von Eratosthenes' Methode durch Bilder illustriert, in denen die Sonnenrichtung an den beiden Stellen auf der Erde deutlich verschieden sind. Dabei wird der Eindruck erweckt, als sei es der Winkel zwischen diesen beiden Richtungen, der in die Rechnung eingeht. Tatsächlich liegt der Winkel zwischen den Sonnenrichtungen in Alexandria und in Assuan weit unter einem tausendstel Grad.

S. 11 „Methode des Eratosthenes“: Wegen einer modernen Erörterung der Ziele und Verfahren von Eratosthenes mitsamt Quellenangaben siehe Bernard R. Goldstein, „Eratosthenes and the ‘Measurement’ of the Earth“, *Historia Mathematica* 11 (1984), S. 411–16.

S. 13 „alle gleich aussehen“: Eine andere Grundeigenschaft der Kreise ist, daß man den kompletten Verlauf eines Kreises aus einem kleinen Bogen davon konstruieren kann. Diese Eigenschaft erlaubte es Eratosthenes, den vollen Erdumfang aus dem kleinen Bogen zwischen Alexandria und Assuan abzuleiten. Auf sie spielte Marcel Proust in seinem Roman *Auf der Suche nach der verlorenen Zeit* an: „... ihre Äußerungen ... entsprachen dem, was alle Leute desselben geistigen Niveaus zu einer bestimmten Zeit ausdrücken, so daß uns die Essenz davon wie ein Kreisbogen sogleich in die Lage versetzt, den ganzen Umfang zu beschreiben und begrenzen.“

S. 13 „in der Bibel“: 1. Könige 7. Kap. 23. Vers: „Dann machte er das gegossene Meer, zehn Ellen von einem Rand bis zum andern, ringsum rund, fünf Ellen hoch. Eine Schnur von dreißig Ellen umspannte es ringsum.“

Diese Textstelle wurde bisweilen so interpretiert, als betrage nach der Bibel der Wert von π exakt 3. Eine solche Auslegung ignoriert die damalige wie heutige Praxis, Messungen zu runden, ganz nach dem Grad der Genauigkeit, der für einen gegebenen Zweck nötig ist.

S. 13 „al-Kashi“: Meine Primärquelle für die Mathematik und Astronomie in der islamischen Periode war J. L. Berggren, *Episodes in the Mathematics of Medieval Islam*, Springer, New York, 1986. Ebenfalls von Nutzen war der Klassiker J. L. E. Dreyer, *A History of Astronomy from Thales to Kepler*, Dover, New York, 1953.

S. 13 „auf sechzehn Dezimalstellen“: Was immer die von al-Kashi angegebenen Motive gewesen sein mögen, der Wunsch, π immer genauer zu berechnen, scheint Zeit und Raum zu transzendieren. Hier sind einige Angaben zur Zahl der gültigen Ziffern, die überschritten wurde:

5	5. Jahrh.	Tsu Ch’ung-chih	China
10	1424	al-Kashi	Samarkand
100	1706	John Machin	London
1 000	1949	J. W. Wrench	U.S.
10 000	1957/58	G. E. Felton	London
		F. Genuys	Paris

100 000	1961	Daniel Shanks & J. W. Wrench	Washington, D.C.
1 Million	1974	J. Guilloud & M. Bouyer	Paris
10 Millionen	1985	Kanada	Tokio
100 Millionen	1987	Kanada	Tokio
1 Milliarde	1989	David & Gregory Chudnowsky	New York
		Kanada	Tokio

Der 1992 in der Aprilausgabe des *The New Yorker* erschienene Artikel von Richard Preston „Mountains of π" beschreibt Leben und Werk der Gebrüder Chudnowsky sowie ihre Rekordberechnung von über zwei Milliarden Ziffern von π. Die weitere Entwicklung ist beschrieben in D. H. Bailey, J. M. Borwein, P. B. Borwein und S. Plouffe, „The Quest for Pi", *The Mathematical Intelligencer*, Band 19, no. 1, 1997, S. 50–57.

Eine sehr leicht zu lesende, wenn auch eigenwillige Abhandlung vieler verwandter Themen ist *A History of π* von Petr Beckman, St. Martin's Press, New York, 1974.

S. 14 „Tsu Ch'ung-chih": Es existiert auch die Schreibweise Zǔ Chōngzhī, 429–500 n. Chr. Mehr über seine Arbeit und die anderer chinesischer Mathematiker findet sich in Lǐ Yan und Dǔ Shíràn, *Chinese Mathematics: A Concise History*. Siehe auch Joseph Needham, *Science and Civilization in China*.

Kapitel 2

S. 17 „Christoph Kolumbus": Meine Hauptquelle zu den Reisen von Kolumbus und zu anderen Reisen der Zeit der Entdeckungen war Samuel Eliot Morison, *Admiral of the Ocean Sea: A Life of Christopher Columbus*, Little, Brown, Boston, 1942. Zu den vielen beliebten Büchern zu diesem Thema gehören: Björn Landström, *Columbus*, Macmillan, New York, 1967; Daniel J. Boorstin, *The Discoverers*, Vintage Books, New York, 1985; Lloyd A. Brown, *The Story of Maps*, Little, Brown, Boston, 1949 sowie Simon Berthon und Andrew Robinson, *The Shape of the World*, Rand McNally, Chicago, 1991. Die folgenden Bemerkungen enthalten einige spezielle Hinweise auf diese Bücher; sie werden dann unter dem Autorennamen zitiert.

S. 18 „*Almagest*": Ptolemäus' Originaltitel des *Almagest* war *Mathematische Zusammenstellung*. Siehe O. Pedersen, *A Survey of the Almagest*, Odense, Denmark, University Press, 1974.

S. 19 „Sacrobosco": Meine Hauptquelle bei Sacrobosco und der *Sphäre* war Lynn Thorndyke, *The Sphere of Sacrobosco and Its Commentators*, University of Chicago Press, Chicago, 1949.

S. 19 „würden die Sterne für Westler und Orientalen zur selben Zeit aufgehen": Er macht zwar keine näheren Angaben, es ist aber am wahrscheinlichsten, daß durch Himmelsereignisse wie die Mondfinsternisse, die an verschiedenen Orten der Erde gleichzeitig stattfinden, bestimmte Augenblicke herausgehoben wurden. Die Aufzeichnung der Sternpositionen in einem solchen Augenblick dürfte zu der von Ptolemäus angesprochenen Entdeckung verschiedener Aufgangszeiten geführt haben. Es könnte gut sein, daß in diesem Fall die Theorie schneller war als die Beobachtung. Ptolemäus' Argument, die Erde sei von Norden nach Süden gekrümmt, weil bei einer geographischen Breite sichtbare Sterne weiter nördlich nicht zu sehen seien, wird Hunderte von Jahren vorher von Aristoteles (*Über den Himmel*, Buch 2, Kapitel 14. Dort finden sich einige weitere Gründe für die Kugelgestalt der Erde.) zitiert. Da man die Sternsphäre als um die sphärische Erde rotierend darstellte, war der Schluß unvermeidlich, daß der Augenblick, zu dem ein bestimmter Stern am Horizont erscheint, von der Plazierung in Ost-West-Richtung abhängt.

Zufällig war es gerade die sorgfältige Aufzeichnung der Ortszeit einer Mondfinsternis, die Kolumbus zuerst erlaubte, die geographische Länge der von ihm in der Karibik entdeckten Inseln festzustellen. Siehe Morison, S. 655.

S. 21 „die Wirkungsweise der Schwerkraft": Dieser Einwand gegen den Vorschlag von Kolumbus wird von Kolumbus' Sohn Fernando berichtet. Siehe Landström, S. 39.

S. 22 „Junta dos Matemáticos": Siehe Morison, S. 69 wegen der Zusammensetzung der Junta.

S. 26 „daß alle Kompaßrichtungen ... korrekt eingezeichnet sind": Die zweite Bedingung bedeutet, daß die Winkel auf der Karte den entsprechenden Winkeln auf der Erdoberfläche gleichen. Diese Eigenschaft einer Abbildung heißt *konform*. Wenn beispielsweise zwei Straßen unter einem bestimmten Winkel aufeinander zulaufen, dann sollten sich die Linien, die die Straßen auf der Karte darstellen, unter demselben Winkel schneiden. Die Kombination dieser Eigenschaft mit der ersten – daß eine Nord-Süd-Linie auf der Erde als eine

Vertikale in der Karte eingezeichnet ist – führt zur Darstellung von Ost-West-Linien durch Horizontalen und dazu, daß alle Kompaßrichtungen ähnlich auf die Karte übertragen sind.

S. 26 „einen festen Maßstab entlang jedes Breitenkreises“: Eine Möglichkeit, dies zu sehen, ist die folgende. Da die Nord-Süd-Richtung in der Karte der Vertikalen entspricht, folgt, daß jeder Erdmeridian einer vertikalen Linie in der Karte entspricht. Nachdem Kompaßrichtungen korrekt dargestellt sind, entspricht die Ost-West-Richtung an einem beliebigen Punkt der horizontalen Richtung auf der Karte. Daher entspricht jeder Breitenkreis auf der Erde einer horizontalen Linie in der Karte. Der Abstand zwischen zwei solchen benachbarten Horizontalen in der Karte, geteilt durch den Abstand zwischen den entsprechenden Breitenkreisen auf der Erde, gibt den Maßstab in vertikaler Richtung an, der daher in jedem Punkt einer gegebenen Breite derselbe sein muß. (Genauer müßte man den Grenzwert dieses Verhältnisses für immer dichter liegende Linien nehmen.) Andererseits ist es eine wohlbekannte Tatsache der linearen Algebra, daß die Maßstäbe in horizontaler und vertikaler Richtung in einem Punkt übereinstimmen müssen, wenn dort die Richtungen erhalten sind. Damit ist auch der horizontale Maßstab in jedem Punkt gegebener Breite derselbe.

S. 28 „die Prinzipien, nach denen die Karte gezeichnet wurde“: Der Mercator-Karte liegt folgender Gedanke zugrunde: Wenn wir wünschen, daß die Nord-Süd-Richtung auf der Erde der vertikalen Richtung in der Karte entspricht, dann muß jeder Meridian in der Karte als eine vertikale Gerade eingezeichnet sein. Nun liegen zwei Meridiane am Äquator am weitesten auseinander und rücken immer näher zusammen, wenn man auf die Pole zugeht; die sie repräsentierenden Vertikalen in der Karte hingegen sind parallel und haben einen festen Abstand. Daraus folgt, daß die Ost-West-Abstände zwischen den Meridianen auf der Karte immer mehr gedehnt sind, wenn wir uns vom Äquator aus auf die Pole zubewegen. Die wesentliche Idee von Mercator war, daß die Karte die Entfernungen *entlang* der Meridiane im selben Maß strecken müsse wie *zwischen* jenen, damit sich die Richtungen richtig ergeben. In jedem Punkt sollten also horizontale und vertikale Dehnung gleich sein. Mercator zeichnete eine Karte, die dieser Eigenschaft so gut wie möglich entsprach.

Wenn Sie mehr über die Mathematik hinter der Mercator-Karte erfahren möchten, lesen Sie bitte den Artikel von F. V. Rickey und Philip M. Tuchinsky in *Mathematics Magazine*, Band 53 (1980), S. 162–66.

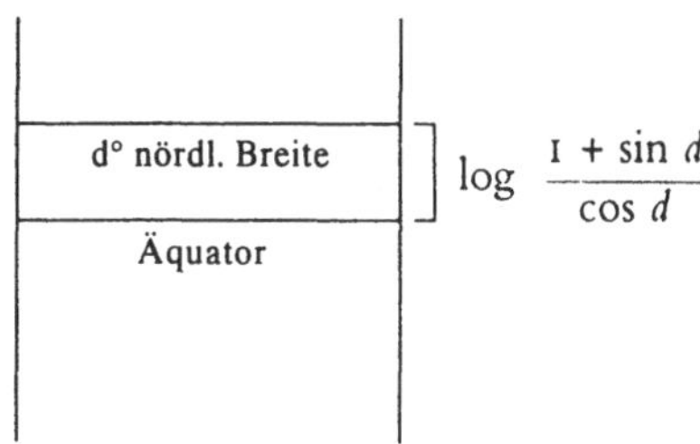

Bild B.2 Zum variablen Maßstab der Mercator-Karte

S. 29 „die exakten Gleichungen für die Mercator-Karte": Wenn wir das rechtwinklige Standardkoordinatensystem, mit einer horizontalen x-Achse und einer vertikalen y-Achse, zur Definition der Karte verwenden, können wir den Äquator in die x-Achse legen. Die x-Koordinate irgendeines Punktes wird ein festes Vielfaches seiner geographischen Länge sein, während die y-Koordinate ein Vielfaches des Ausdrucks

$$\log \frac{1 + \sin d}{\cos d}$$

ist, wo d die geographische Breite in Grad (positiv nördlich des Äquators und negativ südlich des Äquators angesetzt) bedeutet (Bild B.2). An den Polen wird dieser Ausdruck unendlich, woraus sich zwei der Haupteinwände gegen die Mercator-Karte ableiten: Erstens muß jeweils eine Region um die Pole ausgenommen werden, und zweitens sind die Größen mit zunehmendem Abstand vom Äquator immer stärker übertrieben. Allerdings leidet die einfache Zylinderprojektion in noch stärkerem Maße an diesen beiden Mängeln.

S. 30 „Logarithmen": Die Logarithmen wurden 1614 von John Napier erfunden.

S. 30 „Integralrechnung": Die Integralrechnung ist eine Rechentechnik zur Bestimmung der durch eine stetig veränderliche Größe definierten Anhäufung. Wenn man zum Beispiel eine Karte mit einem festen Maßstab haben könnte, bekäme man die tatsächlichen Entfernungen auf der Erde aus den der Karte entnommenen durch die Multiplikation mit einem Maßstabsfaktor (genau das macht man auch bei kleinen Gebieten, für die der Maßstabsfaktor überall fast derselbe ist). Im Falle der Mercator-Karte variiert der Maßstabsfaktor mit der geographischen Breite. Eine Fahrt nach Norden auf der Erde entspricht einer vertikalen Bewegung auf der Karte mit einem kontinuierlich veränderlichen

Maßstab. Der angehäufte Höhenzuwachs auf der Karte wird als „Integral" des Maßstabsfaktors erhalten und hat den obenstehenden Ausdruck zum Ergebnis.

S. 30 „eine geometrische Tatsache": Der Beweis, daß jede nautische Karte eine Mercator-Karte ist, beruht auf der Eigenschaft, die wir früher für jede nautische Karte angeführt haben: Der Maßstab ist längs horizontaler Linien konstant. Überdies ist, wie wir in einer vorangegangenen Bemerkung gesehen haben, der exakte Wert dieses Maßstabs für jede Breite leicht zu bestimmen. Dann muß, damit die Winkel erhalten bleiben, der Nord-Süd-Maßstab bei jeder Breite mit dem Ost-West-Maßstab übereinstimmen. Das bedeutet, daß wir die Änderungsrate der vertikalen Koordinate auf der Karte bezogen auf die geographische Breite kennen; sie ergab sich als ein konstantes Vielfaches von $1/\cos d$. Die explizite Formel wird dann, wie wir im Fall der Mercator-Karte sahen, durch Integration erhalten.

S. 31 „Tatsächlich ist jede Karte ein Kompromiß": Eulers Beweis, daß es keine maßstabsgetreue Karte irgendeines Teils einer Kugel gibt, stammt von 1775. Er legte ihn in einem Artikel mit dem Titel „Über Darstellungen einer sphärischen Fläche auf der Ebene" der St. Petersburger Akademie vor. Der Aufsatz ist in Latein geschrieben und in Eulers gesammelten Werken, Reihe I, Band 28, S. 248–75 abgedruckt. Eulers Beweis, auf den Seiten 251–253 seines Artikels, ist ein klassischer „Widerspruchsbeweis": Er geht davon aus, es gebe eine maßstäbliche Karte und konstruiert dann durch eine Anzahl von Berechnungen unter dieser Annahme einen Widerspruch. Daraus folgt, daß die ursprüngliche Annahme – daß eine maßstäbliche Karte existiere – falsch sein muß.

S. 31 „einige Dutzend im allgemeinen Gebrauch": Der United States Geological Survey verwendet beispielsweise 16 verschiedene Kartenprojektionen bei seinen herausgegebenen Karten. Siehe John P. Snyder, *Map Projections Used by the U.S. Geological Survey*, Geological Survey Bulletin 1532, U.S. Government Printing Office, Washington, D.C., 1983 zu Einzelheiten bzw. dem historischen Hintergrund. Eine ausgedehntere Sammlung von einigen hundert verschiedenen Kartenarten, mitsamt bildlichen Darstellungen und Gleichungen, findet sich in *An Album of Map Projections* von John P. Snyder und Philip M. Voxland, U.S. Geological Survey Professional Paper 1453, U.S. Government Printing Office, Washington, D.C., 1989.

S. 33 „*azimutale, äquidistante Projektion*": Siehe J. L. Berggren, *Episodes in the Mathematics of Medieval Islam*, Springer, New York, 1986, S. 10 und wegen weiterer Details Berggrens „Al-Biruni on Plane Maps of the Sphere" in *Journal for the History of Arabic Science*, Band 6, 1982, S. 47–80; bes. S. 67.

Kapitel 3

S. 36 „Gauß und ... Beethoven“: Beethoven wurde am 16. Dezember 1770 in Bonn, Gauß am 30. April 1777 in Braunschweig geboren. Die Parallelen zwischen Gauß und Beethoven (in Kapitel 5 etwas eingehender ausgeführt) umfassen auch die Beschreibung ihrer Erscheinung als kräftig gebaut, klein und stämmig. Auch wurden sie in arme Familien hineingeboren und waren den Launen strenger und schroffer Väter ausgeliefert.

S. 36 „*princeps mathematicorum*“: Dieser lateinische Ausdruck hat auch zur Bezeichnung von Gauß als „Mathematikerfürst“ geführt. Gemeinhin werden unter Mathematikern nur zwei Mathematiker der Geschichte auf dieselbe Stufe wie Gauß gestellt: Archimedes und Newton.

S. 37 „den Telegraphen“: Mehr zur Geschichte des Telegraphen und zur Rolle von Gauß und seinem Mitarbeiter Weber finden Sie in W. K. Bühler, *Gauss: A Biographical Study*, Springer, New York, 1981.

S. 38 „die ‚Fehlerkurve‘“: Die Gleichung dieser Kurve lautet $y = e^{-x^2}$. Ein weiterer gebräuchlicher Name ist „Normalverteilung“.

S. 39 „alle Zahlen von 1 bis 100“: Verschiedene Versionen dieser Geschichte haben unterschiedliche Zahlensätze, aber das Prinzip ist immer dasselbe.

S. 40 „eine ganze Klasse allgemeinerer Probleme“: Das allgemeine Problem ist, die Summe einer *arithmetischen Reihe* zu finden, einer Reihe, in der die Differenz zweier aufeinanderfolgender Glieder eine feste Zahl d ist.

S. 41 „Ausbauchung am Äquator“: Ein Querschnitt der Erde durch die Pole ist näherungsweise eine Ellipse, deren kürzere Achse – die Entfernung vom Nord- zum Südpol – 7 900 Meilen und deren längere Achse – der Erddurchmesser am Äquator – 7 926 Meilen beträgt.

S. 45 „Längengrade“: Nachdem der Erdumfang am Äquator fast 25 000 Meilen beträgt und ein Vollkreis 360° hat, ist die Länge eines 1-Grad-Bogens knapp 25 000 geteilt durch 360 oder etwas unter 70 Meilen.

S. 46 „*Gaußsche Krümmung*“: Die Untersuchung verschiedener Krümmungsbegriffe ist ein zentraler Teil eines Zweigs der Mathematik, der *Differentialgeometrie* heißt. Für eine Kurve ist die Krümmung an jedem Punkt als der Kehrwert des Radius des Kreises definiert, der die Kurve in der Nähe dieses Punkts am besten nähert. Bei einer Fläche hat man in jedem Punkt zwei *Hauptkrümmungen*, die als der Maximal- bzw. Minimalwert der Krümmungen gewisser Kurven in dem gerade interessierenden Punkt definiert sind. Diese Kurven ergeben sich, wenn man die Fläche mit Ebenen schneidet, die in dem betrachteten Punkt senkrecht auf der Fläche stehen. (Der Krümmung dieser Kurven wird auch ein positives oder negatives Vorzeichen zugeordnet, je nachdem auf welcher Seite der Tangentialebene der Fläche die Kurve liegt.) Die Gaußsche Krümmung ist das Produkt der Hauptkrümmungen. Ist sie an einem Punkt positiv, befindet sich die Fläche in der Nähe des Punktes auf *einer* Seite der Tangentialfläche in diesem Punkt, wie bei einer Kugel oder einem Ellipsoid. Ist sie negativ, dann kreuzt die Oberfläche die Tangentialebene, wie im Fall einer Fläche, die wie ein Stundenglas [Sanduhr] an der Taille geformt ist[1].

S. 47 „*Geodäte*“: In den Vereinigten Staaten, und womöglich anderswo, assoziieren die meisten Leute beim Wort „Geodäte“ Buckminster Fuller und seinen „geodesic dome“.

Ein faszinierender Artikel über geodätische Kuppeln ist „Geodesics, Domes, and Spacetime“, Kapitel 3 von *Science à la Mode* von Tony Rothman, Princeton University Press, Princeton, 1989.

S. 49 „kompliziertere Formeln“: Ist s die Winkelsumme in einem geodätischen Dreieck auf einer Kugel vom Radius r (so daß jede Seite ein Großkreisbogen ist) und ist A die Dreiecksfläche, dann gilt für A die Formel

$$A = \pi r^2 \left(\frac{s}{180} - 1 \right) .$$

(Diese Formel wurde zuerst 1629 von dem flämischen Mathematiker Albert Girard veröffentlicht.) Nachdem man die Fläche A und die Winkelsumme s gemessen hat, kann man diese Gleichung zur Bestimmung des Kugelradius r benützen.

S. 49 „Das Wesentliche an der Formel“: Die genaue von Gauß angegebene Formel macht vom Begriff des Oberflächenintegrals Gebrauch. Ist s die in Grad angegebene Winkelsumme eines geodätischen Dreiecks auf einer Fläche, dann gilt

$$s = 180 + \frac{180}{\pi} \int K \, \mathrm{dA} ,$$

wo K die Gaußsche Krümmung ist und das Integral über das Innere des Dreiecks genommen ist. In der Ebene ist $K = 0$, und wir haben $s = 180$ für jedes Dreieck. Auf einer Kugel vom Radius r haben wir $K = 1/r^2$ und $\int K \, \mathrm{dA} =$

---

[1] Anm. d. Übers.: In der Regel wird die Fläche mit einem Sattel verglichen.

A/r^2, wo A die Fläche des Dreiecks bedeutet. Dann ist $s = 180(1 + A/\pi r^2)$, was auf Girards Gleichung oben für ein sphärisches Dreieck hinausläuft. Im allgemeinen haben wir auf einer positiv gekrümmten Fläche $K > 0$, $\int K\,dA > 0$, und die Winkelsumme s liegt über 180°. Eine negative Krümmung bedeutet $K < 0$, und s liegt unter 180°.

S. 50 „nur durch Messungen an der Oberfläche": In der Praxis möchte man die Krümmung nicht nur mit Hilfe von Oberflächenmessungen berechnen, wenn einem auch andere Mittel zur Verfügung stehen. Das erfordert nämlich sehr genaue und oft schwierige Messungen von Größen wie der Fläche eines Dreiecks oder dem Umfang eines Kreises. Doch hat der Umstand, daß es theoretisch möglich ist, eine wichtige Folge: die Unmöglichkeit genau maßstäblicher Karten. Ferner kann es Fälle geben, in denen keine anderen Möglichkeiten offenstehen – wir werden das noch sehen, wenn wir zu Riemann kommen.

S. 50 „„Kreis"": Das Fachwort für einen solchen „Kreis" ist *geodätischer Kreis*.

S. 51 „daß das auf jede Fläche zutrifft": Die Formeln von Bertrand und Puiseux geben den folgenden Ausdruck für die Gaußsche Krümmung in einem Punkt P auf einer Fläche. Es sei $L(r)$ die Länge des auf der Fläche liegenden Kreises mit Radius r und Mittelpunkt P. Dann liegt der Ausdruck

$$\frac{3}{\pi}\,\frac{2\pi r - L(r)}{r^3}$$

für kleine r ganz in der Nähe des Werts der Krümmung in P. Der exakte Wert der Krümmung ist durch einen Grenzwert gegeben:

$$K = \lim_{r\to 0} \frac{3}{\pi}\,\frac{2\pi r - L(r)}{r^3}\,.$$

Ist die Krümmung positiv, $K > 0$, liegt der Umfang $L(r)$ unter dem euklidischen Wert $2\pi r$, während $K < 0$ bedeutet, daß $L(r)$ größer als $2\pi r$ ist. Eine gute Näherung für $L(r)$ ist $2\pi r - K\pi r^3/3$.

S. 52 „in einem Artikel von 1827": Der Artikel von Gauß hatte den Titel „Disquisitiones Generales Circa Superficies Curvas" oder „Allgemeine Untersuchungen gekrümmter Flächen". Ein Nachdruck des Originals nebst einer englischen Übersetzung findet sich zusammen mit einem exzellenten Überblick über das dazu führende Werk sowie über die anschließenden Entwicklungen in Peter Dombrowski, „150 Years after Gauss' *Disquisitiones Generales Circa Superficies Curvas*", *Astérisque* 62, Société Mathématique de France, Paris,

1979. [Eine deutsche Übersetzung findet man in A. Wangerin, *Allgemeine Flächentheorie von C. F. Gauß*, Ostwald's Klassiker der Exakten Wissenschaften, Nr. 5, Akad. Verlagsgesellschaft, Leipzig, 1921.]

Kapitel 4

S. 55 „der imaginären Zahl“: Die *imaginären Zahlen* sind alle Vielfache von i mit reellen Zahlen: $2i$, $\sqrt{3}i$, $-i$, usw. *Komplexe Zahlen* sind Summen aus reellen und imaginären Zahlen, wie $2 + 3i$.

S. 56 „nichteuklidische Geometrie“: Eine ausgezeichnete Quelle zu allem, was mit nichteuklidischer Geometrie zu tun hat, ist das Buch von B. A. Rosenfeld, *A History of Non-Euclidean Geometry: Evolution of the Concept of a Geometric Space*, Springer, New York, 1988.

S. 56 „Immanuel Kant“: In seiner *Kritik der reinen Vernuft* charakterisierte er die euklidische Geometrie als A-priori-Wissen: den Teil unserer Erkenntnis, der nicht auf Erfahrung beruht. Wegen einer detaillierteren Diskussion der Kantschen Anschauungen über die euklidische Geometrie siehe Kapitel 3 von Richard J. Trudeaus *The Non-Euclidean Revolution*, Birkhäuser, Boston, 1987 und Teil 1 von Michael Friedmans *Kant and the Exact Sciences*, Harvard University Press, Cambridge, 1992.

S. 56 „Nikolai Iwanowitsch Lobatschewski“: Einige Leser kennen vielleicht Tom Lehrers Lied „Lobachevsky“ mit seinem Refrain “Plagiarize!”, der auf Lobatschewski gemünzt ist. Sie fragen sich dann vermutlich, womit Lobatschewski das verdient hat. Die Antwort lautet: „mit nichts“. Sein Name paßte nur in den Reim.

S. 56 „Winkelsumme im Dreieck 180°“: Vom axiomatischen Standpunkt unterscheidet sich die euklidische von der nichteuklidischen Geometrie durch die Stellung des 5. Euklidischen Postulats. In einer Fassung, die sich von der von Euklid benutzten unterscheidet, aber äquivalent ist, behauptet das 5. Axiom die Existenz einer einzigen Geraden, die parallel zu einer gegebenen Geraden liegt und durch einen vorgegebenen, nicht auf jener liegenden Punkt geht. Diese Eigenschaft entpuppt sich auch als äquivalent zur Bedingung, daß die Winkelsumme im Dreieck 180° beträgt. Lobatschewski ersetzt Euklids 5. Postulat durch das Axiom, es gebe *mehr* als eine Gerade, die parallel zu einer vorgegebenen Geraden ist und durch einen nicht auf dieser liegenden Punkt geht.

Das wiederum ist äquivalent zur Forderung, daß die Winkelsumme im Dreieck *weniger* als 180° betrage.

S. 57 „Bolyais Vater Wolfgang": Wolfgang war der deutsche Name, den János Bolyais Vater in manchem Zusammenhang verwendete. Sein ungarischer Name ist Farkas, auf den man oft trifft.

S. 57 „von einer weniger noblen Seite": Dieser Charakterzug trat auch in einem weiteren Fall eines brillanten jungen Mathematikers zutage, der Gauß eine epochemachende Entdeckung unterbreitete, nur um sich insgesamt eine Abfuhr zu holen. Das war Niels Henrik Abel, ein 23-jähriger Norweger, der in höchst überraschender Weise eine der grundlegendsten Fragen der Algebra zur Lösung algebraischer Gleichungen zum Abschluß brachte. Es war seit der Antike bekannt gewesen, daß jede quadratische Gleichung, wie z. B. $x^2 - 3x + 4 = 0$, durch eine explizite Formel gelöst werden kann. Kubische Gleichungen, wie $x^3 - 3x^2 + 5x - 2 = 0$, entpuppten sich als viel schwieriger, und erst im 16. Jahrhundert wurden Methoden gefunden, eine allgemeine kubische Gleichung zu lösen – das heißt, eine Darstellung der Lösung durch die Koeffizienten zu geben. (Der Ausdruck für die allgemeine quadratische Gleichung $ax^2 + bx + c = 0$ lautet $x = (-b \pm \sqrt{b^2 - 4ac})/2a$.) Die allgemeine Gleichung vierten Grades – sie beginnt mit x^4, dann kommen niedrigere Potenzen – läßt sich auch explizit lösen, aber 300 Jahre Bemühungen um Gleichungen *fünften* Grades fruchteten nichts. Abel dachte zunächst, er hätte eine Lösung gefunden, aber nachdem er einen Fehler in seinen Rechnungen entdeckt hatte, gelangte er zu einem erstaunlichen Resultat: Er bewies, daß eine allgemeine Lösung *unmöglich* ist. Dieses Meisterwerk wollte sich Gauß nicht genau genug anschauen, um seinen Wert zu erkennen.

S. 57 „Gauß hatte tatsächlich ... vorweggenommen": Obgleich Gauß zu diesem Thema nie etwas veröffentlichte, ist der Umfang seiner Untersuchungen aus einer Anzahl erhaltener Briefe ganz klar.

S. 58 „Fragestellung in der Geodäsie": Siehe „The Myth of Gauss' Experiment on the Euclidean Nature of Physical Space" von Arthur I. Miller, *Isis* 63 (1972), S. 345–48.

S. 59 „‚Imaginäre Geometrie'": Die genaue Literaturangabe ist: N. Lobatschewsky (eine der vielen Varianten seiner Namensschreibung), Géométrie imaginaire, *Crelle's Journal*, Band 17 (1837), S. 295–320.

S. 59 „*Crelle's Journal*“: Der volle Namen der Zeitschrift lautet *Crelle's Journal der Mathematik* (eigentlich: *Journal für reine und angewandte Mathematik*). August Leopold Crelle (1780–1855) war eine bemerkenswerte und vielleicht einmalige Figur in den Annalen der Mathematik. Ingenieur von Beruf, war er Mathematiker aus Begeisterung, der mit seiner Energie und Kenntnis den Lauf der Dinge beeinflußte. In seinem Berufsleben war er mit dem Bau der ersten Eisenbahn in Deutschland beauftragt. Ab 1828 war er Berater für Mathematik am preußischen Kultusministerium, und in dieser Eigenschaft konnte er beträchtlichen Einfluß auf die Art nehmen, wie die Mathematik an den Schulen behandelt wurde. Er hielt es für falsch, die Mathematik hauptsächlich unter dem Aspekt der Anwendung zu sehen – mathematikinterne Überlegungen sollten bei Entwicklung und Darlegung der Mathematik im Vordergrund stehen.

1826 gründete er seine neue Zeitschrift, die ausschließlich der Mathematik gewidmet war. Er begann dabei ganz groß mit der Veröffentlichung einer ganzen Reihe von Arbeiten von Abel, zu denen auch der Beweis der Unlösbarkeit der allgemeinen Gleichung fünften Grades gehörte.

S. 59 „Dreiecke auf einer Pseudosphäre“: Tatsächlich beschränkt sich Minding nicht auf die Pseudosphäre, sondern behauptet, dieselben Gleichungen würden für die geodätischen Dreiecke auf jeder Fläche einer konstanten negativen Krümmung gelten. Er verweist wegen expliziter Beispiele für Flächen konstanter negativer Krümmung, darunter die Pseudosphäre, auf einen eigenen Artikel aus dem Jahr zuvor.

S. 59 „eine solche Formel“: Auf S. 324 von Mindings Artikel in *Crelle's Journal*, Band 20 (1840), S. 323–27. Die von Minding angegebene Formel lautet

$$\cos a\sqrt{k} = \cos b\sqrt{k}\,\cos c\sqrt{k} + \sin b\sqrt{k}\,\sin c\sqrt{k}\cos A\ ,$$

wo a, b und c die Seitenlängen eines Dreiecks auf einer Fläche konstanter Krümmung k bedeuten und A der der Seite mit der Länge a gegenüberliegende Winkel ist. Ist die Fläche eine Kugel vom Radius R, dann gilt $k = 1/R^2$, und die sich ergebende Formel war für ein Dreieck auf der Sphäre wohlbekannt. Hat die Fläche die negative Krümmung $k = -1$, dann gilt $\sqrt{k} = \sqrt{-1} = i$, und mit Hilfe der Ausdrücke $\cos ix = \cosh x$, $\sin ix = i \sinh x$, wo $\cosh x$ und $\sinh x$ den sogenannten hyperbolischen Kosinus und Sinus von x bedeuten, erhält man die Gleichung

$$\cosh a = \cosh b \cosh c - \sinh b \sinh c \cos A\ .$$

Dies geht über in Gleichung (10) auf S. 298 von Lobatschewskis 1837 in *Crelle's Journal* abgedrucktem Artikel, nachdem man die auf S. 296, oben angegebene Schreibweise eingeführt hat. In diesem Falle sind a, b und c die Seitenlängen eines Dreiecks auf einer Oberfläche mit der konstanten Gaußschen Krümmung $K = -1$, und A ist wieder der der Seite a gegenüberliegende Winkel. Diese Gleichung ist das nichteuklidische Analogon einer Formel, die einem aus der Trigonometrie vertraut ist:

$$a^2 = b^2 + c^2 - 2bc \cos A \ .$$

S. 59 „führende deutsche Mathematiker seiner Zeit": Lambert war in Wirklichkeit der *einzige* berühmte deutsche Mathematiker seiner Zeit. Er starb 1777, in dem Jahr, in dem Gauß geboren wurde, und ließ Deutschland ohne einen einzigen Mathematiker von Ruf zurück, bis Gauß tätig wurde. Die erstaunliche Wandlung Deutschlands von einer mathematischen Wüste im späten 18. Jahrhundert zu einem Weltzentrum in der Mitte des 19. Jahrhunderts ist das Thema eines kürzlich erschienenen Buches: *Möbius and His Band*, herausgegeben von John Fauvel, Raymond Flood und Robin Wilson, Oxford University Press, Oxford, 1993.

S. 60 „*π irrational*": Ein bemerkenswert kurzer, moderner Beweis, daß π irrational ist, findet sich in Ivan Niven, *Irrational Numbers*, Carus Mathematical Monographs, No. 11, Mathematical Association of America, 1956, S. 19–21.

S. 65 „notwendigerweise Längen und Entfernungen verzerrt": Der Grund dafür, daß Verzerrungen in jedem Modell unvermeidlich sind, das die Lobatschewskische Ebene auf einem ebenen Gebiet darstellt, ist der Gaußsche Satz, nach dem genaue Karten die Krümmung erhalten. Da Lobatschewskis Geometrie der Geometrie auf einer Fläche negativer Krümmung entspricht, müßte jede genau-maßstäbliche Karte ebenfalls eine negative Krümmung aufweisen. Aber die Ebene hat die Krümmung Null, weshalb eine genau-maßstäbliche Karte der Ebene unmöglich ist.

Kapitel 5

S. 69 „„Trägheitsgesetz"": Die Idee, Galileis Trägheitsgesetz im Lichte eines Gedankenexperiments zu sehen, ist dem Buch *The Evolution of Physics* von Albert Einstein und Leopold Infeld, Simon & Schuster, New York, Touchstone edition, S. 5–11 entnommen. [*Die Evolution der Physik* (Übers. von Werner Preusser), Zsolnay, Wien, 1950] Nebenbei sei erwähnt, daß das Buch von

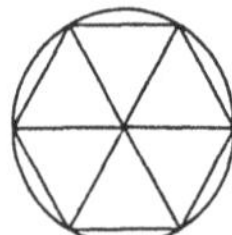

Bild B.3 Sechs gleichmäßig verteilte Punkte auf einem Kreis

Einstein und Infeld, das den Untertitel *From Early Concepts to Relativity and Quanta* trägt und 1938 geschrieben wurde, ein Meisterwerk der Darstellung ist und grundlegende Ideen der Physik in verständlicher Sprache erklärt.

S. 72 „*Definition* der Raumkrümmung": Bedeutet $L(r)$ den Umfang eines Kreises vom Radius r in der Äquatorebene, dann ist die „Raumkrümmung in der Äquatorebene der Erde" näherungsweise

$$\frac{3}{\pi}\,\frac{2\pi r - L(r)}{r^3}\;.$$

Dieser Ausdruck sollte sehr wenig von der Wahl des Radius r abhängen. Indem wir eine Folge von Kreisen nehmen, können wir feststellen, ob wir uns in dem Bereich befinden, wo der Wert nicht wesentlich von r abhängt. Der präzise theoretische Wert der Raumkrümmung in der Äquatorialebene ist durch einen Grenzwert gegeben:

$$\lim_{r\to 0}\frac{3}{\pi}\,\frac{2\pi r - L(r)}{r^3}\;.$$

Das ist, gemäß der Formel von Bertrand und Puiseux, genau der Wert der Krümmung einer Fläche in einem Punkt, um den ein Kreis vom Radius r die Länge $L(r)$ hat.

S. 72 „Ist der Raum euklidisch": In der gewöhnlichen (euklidischen) Geometrie bilden sechs gleichmäßig auf den Umfang eines Kreises verteilte Punkte ein reguläres Sechseck, bei dem die Entfernung zweier benachbarter Punkte der Entfernung der sechs Punkte vom Mittelpunkt des Kreises gleicht (s. Bild B.3, wo das Sechseck aus sechs gleichseitigen Dreiecken aufgebaut ist).

S. 76 „„Äquatorialsphäre"": Der Grund für diese Namensgebung: Wenn wir uns die Erde in eine nördliche und eine südliche Hemisphäre statt eine östliche und westliche geteilt denken, dann stellen die beiden Randkreise denselben Großkreis auf der Kugel – den Äquator – dar. Er wird von der einen Seite von den Bewohnern der nördlichen Hemisphäre und von der anderen Seite von den Bewohnern der südlichen Hemisphäre gesehen.

S. 78 „In der *Göttlichen Komödie*": Die relevante Passage ist der 28. Gesang des *Paradiso*, Zeilen 1–129.

S. 78 „blendenden Lichtpunkt": In der Übersetzung von Karl Eitner, Bibliographisches Institut, Hildburghausen, 1865 schreibt Dante: „... sah einen Punkt ich, der so scharfes Licht ausstrahlte, daß das Aug', davon geblendet, sich ob der großen Schärfe schließen mußte." [Paradies, 28. Gesang, 16–18]

S. 78 „dann stimmen das Dantesche ... Universum überein": Daß Dantes Beschreibung des Universums in der *Göttlichen Komödie* so interpretiert werden kann, als habe jenes dieselbe Gestalt wie Riemanns „sphärischer Raum", wurde unabhängig von mehreren Autoren bemerkt. Der erste, von dem ich weiß, ist der Mathematiker Andreas Speiser in *Klassische Stücke der Mathematik*, Orell Füssli, Zürich, 1925, S. 53–59. Eine detailliertere Analyse gibt der Physiker Mark Peterson in „Dante and the 3-sphere", *American Journal of Physics*, Band 47 (1979), S. 1031–35. Mehr zu diesem Thema und zur Frage: „endliches oder unendliches Universum?" finden Sie in Rudy Rucker, *Infinity and the Mind*, Bantam, New York, 1983, S. 16–23.

S. 79 „*Hypersphäre*": Die Mathematiker verwenden Ausdrücke wie „Hyperebene", „Hyperkubus" und „Hypersphäre", um auf höherdimensionale Versionen der Ebene, des Würfels oder der Kugel zu verweisen. Meist ist auch angenommen, daß sich das fragliche Objekt in einem Raum mit einer um eins höheren Dimension befindet. Der vierdimensionale euklidische Raum wird höchst einfach mittels Koordinaten beschrieben: Wie die Punkte der Ebene durch ein Koordinatenpaar (x, y) und die im Raum durch ein Koordinatentripel (x, y, z) charakterisiert werden können, so sind die Punkte im Viererraum durch ein Quadrupel reeller Zahlen, z. B. $(-1, 2, \sqrt{3}, \pi)$, gegeben, in dem die getrennten Zahlen -1, 2, $\sqrt{3}$ und π die „Koordinaten" des Punktes genannt werden. Die Gleichung $x^2 + y^2 = r^2$ definiert einen Kreis vom Radius r in der Ebene, $x^2 + y^2 + z^2 = r^2$ definiert eine Kugel vom Radius r im Raum, und $x^2 + y^2 + z^2 + w^2 = r^2$ definiert eine „Hypersphäre" vom „Radius" r im „vierdimensionalen euklidischen Raum". Viele Eigenschaften der Hypersphären lassen sich ganz einfach aus dieser Gleichung ableiten, man *braucht* nicht das Modell, das den vierdimensionalen Raum benützt, um die Hypersphäre zu untersuchen.

S. 79 „Max Born": Der zitierte Ausspruch ist den Proceedings des *Jubilee of Relativity Theory (Fünfzig Jahre Relativitätstheorie)* entnommen, die als Supplement IV der *Helvetica Physica Acta*, Birkhäuser Verlag, Basel, 1956, S. 254 veröffentlicht sind.

Kapitel 6

S. 81 „Einordnung der Jahre in Jahrzehnte“: Siehe den Aufsatz „Decades“ von Nancy K. Miller in *Changing Subjects*, herausgegeben von Gayle Greene und Coppélia Kahn, Routledge, New York, 1993, S. 31–47.

S. 81 „nur weil sie ein Vielfaches von zehn ist“: Eine unwahrscheinliche Übereinstimmung der Politik, der Geodäsie und des Dezimalsystems liefert eine der seltsameren Fußnoten der Geschichte, wie wir zu unseren heutigen Maßeinheiten kamen. Das *Meter* wurde als ein Zehnmillionstel des Abstandes des Nordpols vom Äquator definiert. Mit anderen Worten: Der über die Pole genommene Erdumfang wurde als 40 Millionen Meter *definiert.* 1791 wurde eine Landvermessung zur Bestimmung der exakten Länge des Meridians durch Paris vom Kanal bis zum Mittelmeer gestartet. Das dürfte das erste Beispiel für staatlich finanzierte „Big Science“ gewesen sein. Die Ergebnisse wurden benützt, um – wie bei al-Khwarizmi fast tausend Jahre zuvor – mit Hilfe astronomischer Messungen die Länge eines Breitengrads zu bestimmen. Da es vom Äquator zum Pol 90 Breitengrade sind, würde die sich ergebende Zahl die Länge des Meters bestimmen – ein Zehnmillionstel der Gesamtentfernung.

Eine eingehendere Abhandlung über die Überlegungen und Machenschaften, die zu den heute weltweit verwendeten Maßeinheiten geführt haben, ist „The Politics of the Meter Stick“ von John Heilbron, *American Journal of Physics*, Band 57 (1989), S. 988–92.

S. 82 „im Jahr 1800“: Ob das 19. Jahrhundert am 1. Januar 1800 oder 1801 begann, ist – man wird es nicht für möglich halten – Gegenstand einer andauernden Debatte. Wegen neuer Analysen siehe das Buch *Century's End* von Hillel Schwartz, Doubleday, 1990 und den Artikel von Stephen Jay Gould, „Dousing Diminutive Dennis' Debate“ in *Natural History*, April 1994, S. 4–12.

S. 83 „Die Maxwellschen Gleichungen“: In Umschreibung eines beliebten T-Shirts:

Und Gott sagte

$$\nabla \times \mathbf{H} = \varepsilon \frac{\partial \mathbf{E}}{\partial t} \qquad \nabla \times \mathbf{E} = -\mu \frac{\partial \mathbf{H}}{\partial t}$$

$$\nabla \cdot \mathbf{H} = 0 \qquad \nabla \cdot \mathbf{E} = 0$$

... und es ward Licht.

Es existieren viele verschiedene Formulierungen der Maxwellschen Gleichungen. In dieser speziellen Form wird die bemerkenswerte und unerwartete Symmetrie zwischen dem elektrischen Feld *E* und dem magnetischen Feld *H* deutlich. Indem man alle vier Gleichungen kombiniert, kann man zeigen, daß beide Felder *E* und *H* jedes für sich die „Wellengleichung", die die Bewegung einer durch den Raum laufenden Welle regiert, erfüllt.

S. 85 „großes Geschütz": Die Bedeutung von Maxwells Entdeckung wuchs erst im Lauf der Zeit. 1938 schrieben Einstein und Infeld in ihrem Buch *The Evolution of Physics*: „Die theoretische Entdeckung einer elektromagnetischen Welle, die sich mit der Geschwindigkeit des Lichts ausbreitet, ist eine der größten Leistungen in der Wissenschaftsgeschichte." Mehr zu Maxwell bringen L. Campbell und W. Garnett, *The Life of James Clerk Maxwell*, London, 1882; eine kurze Biographie mit einem ausgezeichneten Bericht seiner wissenschaftlichen Beiträge ist C. W. F. Everitt, *James Clerk Maxwell, Physicist and Natural Philosopher*, Scribners, New York, 1975.

S. 85 „eine neue Ära der Astronomie": Karl Jansky identifizierte als erster die Radiowellen aus dem Weltraum, und zwar bei der Suche nach der Quelle des Rauschens im Radiotelefonverkehr. In den frühen Dreißiger Jahren versuchte Jansky, den Ursprung der Störung zu lokalisieren, und er schloß, daß sie weitgehend aus der Milchstraße stamme. Allerdings verfolgten weder er noch sonst jemand diese Befunde weiter, bis Reber – eigenhändig und mit eigenem Geld – die erste lenkbare Radio-Schüsselantenne (Durchmesser 31 Fuß) baute und eine systematische Himmelsdurchmusterung im Radiofrequenzbereich unternahm.

S. 85 „Wheaton, Illinois": Wheaton ist ein Vorort von Chicago, wo Reber als Radioingenieur beschäftigt war. Das vollständige Zitat seines Artikels „Cosmic Static" ist: *Astrophysical Journal*, Band 100, 1944, S. 279–87. Die daran anschließende Geschichte der Radioastronomie wird in *The Invisible Universe Revealed: The Story of Radio Astronomy* von Gerrit L. Verschur, Springer, New York, 1987 beschrieben. Ein ausgezeichneter Überblick über die Werkzeuge der modernen Astronomie und was sie uns mitteilen, findet sich in *The Astronomer's Universe: Stars, Galaxies and Cosmos* von Herbert Friedman, Ballantine Books, New York, 1990.

Kapitel 7

S. 89 „Edwin Hubble zugeschrieben“: Mehr zum Leben und den Beiträgen von Hubble findet man in „Edwin Hubble and the Expanding Universe“ von Donald E. Osterbrock, Joel A. Gwinn und Ronald S. Brashear, *Scientific American*, Juli 1993, S. 84–89.

S. 89 „von dem wunderbaren Wechselspiel von Theorie und Beobachtung“: Eine der besten mir bekannten Erörterungen der Schritte bei der Etablierung der Weltallexpansion und der Formulierung des Hubbleschen Gesetzes ist das neue Buch von P. J. E. Peebles: *Principles of Physical Cosmology*, Princeton University Press, Princeton, 1993, S. 77–82. Auf den Seiten 82–93 findet sich eine ebenso ausführliche Diskussion des zugunsten des Hubbleschen Gesetzes sprechenden Beobachtungsmaterials. Eine weitere ausgezeichnete Darstellung ist das Kapitel 10 von Edward R. Harrisons *Cosmology: The Science of the Universe*, Cambridge University Press, 1981. Unmengen von historischen Details, besonders zu den jahrzehntelangen Versuchen zu bestimmen, ob die „Spiralnebel“ innerhalb unserer Galaxis liegen oder eigene externe „Welteninseln“ bilden, findet man in *The Expanding Universe: Astronomy's "Great Debate" 1900–1931* von Robert W. Smith, Cambridge University Press, 1982. Schließlich gibt Sir Arthur Eddington, *The Expanding Universe*, Cambridge University Press, 1933 (Neuauflage 1987) eine bestechend klare und lebhafte Darstellung des Themas durch einen Teilnehmer an den frühen Debatten selbst.

S. 89 „Die ersten Hinweise auf eine Expansion des Alls“: Die Idee des expandierenden Weltalls war eine Legierung von Theorie und Beobachtung. Die Beobachtungskomponente war dabei, daß das Licht entfernter Galaxien gegen das rote Ende des Spektrums verschoben ist und daß die Verschiebung um so größer ist, je entfernter die Galaxie ist. Der theoretische Teil war die Interpretation der Rotverschiebung als eine Art Dopplereffekt, der anzeigte, daß die Fluchtgeschwindigkeit mit der Entfernung der Galaxie zunimmt. Nachdem de Sitter 1917 eine Rotverschiebung vorausgesagt hatte, wurde das Thema zumindest ab 1920 (s. Smith, S. 175–76) aktiv von führenden Astronomen wie H. N. Russell und Harlow Shapley diskutiert. Ludvik Silberstein und Knut Lundmark veröffentlichten in den Jahren 1923–25 (s. Smith, S. 175–78) Artikel, die aufgrund der verfügbaren Beobachtungsdaten eine Beziehung zwischen der Rotverschiebung und der Entfernung herzustellen versuchten. Wenn man dies mit anderen – experimentellen und theoretischen – Anstrengungen in den 1920ern, erst die Realität und dann die Bedeutung der de Sitterschen Voraussage einer Rotverschiebungs-Entfernungs-Relation von 1917 festzustellen, zusammennimmt, erscheint die Legende von Hubbles plötzlicher Entdeckung dieser Beziehung im Jahr 1929 um so mysteriöser.

S. 89 „Albert Einstein und ... Willem de Sitter“: Nachdrucke der Artikel von Einstein und de Sitter finden sich, zusammen mit einer Anzahl weiterer fruchtbarer Artikel zur Kosmologie, in dem Buch *Cosmological Constants*, hrsg. von Jeremy Bernstein und Gerald Feinberg, Columbia University Press, New York, 1986.

S. 90 „Alexander Friedmann“: Friedmann war sowohl ein Wissenschaftler mit einer außergewöhnlichen Breite als auch ein farbiger Charakter. Er starb noch in seinen Dreißigern am Typhus, den er sich in einer entlegenen Region zugezogen hatte, in der er nach einem riskanten Ballonaufstieg gelandet war. Eine ausführliche Biographie wurde neulich ins Englische übersetzt: *Alexander A. Friedmann: The Man Who Made the Universe Expand* von Edward A. Tropp, Victor Ya. Frenkel und Artur D. Chernin, übersetzt von Alexander Dron und Michael Burov, Cambridge University Press, 1993. Friedmann erlangte besondere Bekanntheit, nachdem Einstein in einer Veröffentlichung Friedmanns Rechnungen zuerst für falsch gehalten hatte und später dann seine Behauptung öffentlich hatte zurücknehmen und zugeben müssen, daß Friedmann recht hatte.

S. 90 „Hermann Weyl“: Weyl wurde neben Einstein eine der Hauptstützen des neugegründeten, renommierten Institute for Advanced Study in Princeton.

S. 91 „Harlow Shapley“: Zu Shapleys Modell der Milchstraße siehe Kapitel 2 von Smith.

S. 92 „Georges Lemaître ... und Howard Robertson“: Mehr zu Lemaître, Robertson und ihren Beiträgen finden Sie in Harrisons *Cosmology*.

S. 92 „das *Retroversum*“: Die üblicheren Bezeichnungen des Retroversums sind „Rückwärts-Lichtkegel“ oder „Nullkegel“. Diese Worte werden jedoch auch in einer etwas anderen Weise gebraucht. (Das Retroversum ist ein Teil der Raumzeit – des tatsächlichen Universums. Der „Lichtkegel“ oder „Nullkegel“ wird oft nicht in der Raumzeit selbst, sondern im sogenannten „Tangentialraum“ der Raumzeit angesiedelt.)

S. 94 „Nach den augenblicklich besten Schätzungen“: Es gibt eine gewisse Uneinigkeit über den genauen Wert der Hubbleschen Konstanten. Doch ist unter den allgemein vorgeschlagenen Werten der größte weniger als das Doppelte des kleinsten, so daß der Bereich möglicher Werte ziemlich beschränkt ist. Jedenfalls hat die Unsicherheit des genauen Werts keine Auswirkung auf die

Gültigkeit des hier entwickelten allgemeinen Bildes. Einige dieser Themen finden Sie in John P. Huchra, „The Hubble Constant", *Science*, Band 256 (17. April 1992), S. 321–25 behandelt.

S. 98 „die genaue Gestalt in Erfahrung zu bringen": Bei der Feststellung der Gestalt der Scheibe des Universums, die wir bei einem Rundblick längs des Horizonts sehen, ergeben sich theoretische und praktische Probleme. Auf der praktischen Seite haben wir keine Möglichkeit, Entfernungen zwischen irgend zwei Punkten unseres Gesichtsfeldes zu messen. Direkt können wir den Winkel zwischen unseren Sichtlinien zu den beiden Punkten messen, und wir können die Entfernungen zu den beiden abschätzen. Die Kenntnis der beiden Entfernungen und des eingeschlossenen Winkels ähnelt der Kenntnis von „Seite–Winkel–Seite" bei einem Dreieck in der ebenen Geometrie. Die Länge der dritten Seite des Dreiecks wäre dabei der gesuchten Entfernung der beiden beobachteten Punkte analog. *Wenn* die euklidische Geometrie anwendbar wäre, könnten wir die unbekannte Entfernung leicht unter Verwendung trigonometrischer Standardformeln („Kosinussatz") bestimmen. Wäre die hyperbolische oder die elliptische Geometrie anwendbar, würden bekannte Formeln ebenso ein Resultat liefern. Das Problem liegt darin, daß wir die Geometrie nicht im voraus kennen. Was wir versuchen, ist, soviel wie möglich über diese Geometrie durch allerlei Messungen abzuleiten; genau so wie Gauß, der vorschlug, soviel wie möglich über die Geometrie einer Fläche durch Messungen auf dieser Fläche zu bestimmen.

Wenn wir – auf der theoretischen Seite – Einsteins allgemeine Relativitätstheorie akzeptieren, dann sind nicht einmal die Begriffe „Entfernung" und „Zeit" wohldefiniert, und nur eine gewisse Kombination aus ihnen hat eine invariante Bedeutung. Diese Kombination beträgt Null auf dem sog. „Nullkegel" oder dem „rückwärts gerichteten Lichtkegel", die genau dem entsprechen, was wir das „Retroversum" genannt haben: die Gesamtheit der Punkte, die für uns in einem gegebenen Zeitpunkt via Licht oder andere Formen elektromagnetischer Strahlung „sichtbar" sind. So erscheint im Rahmen der allgemeinen Relativität die Messung von Kurvenlängen im Retroversum nicht möglich.

Doch ist die Situation nicht ganz so finster, wie es zunächst den Anschein hat. Die Dekrete der Relativitätstheorie dazu, was gemessen werden kann oder auch nicht, beziehen sich auf Messungen *innerhalb* des Systems, wieder in der Art der Gaußschen Vermessung einer Fläche oder der Riemannschen Beschreibung der Raumgeometrie. Im Fall des gesamten Universums scheint es selbstverständlich, daß die einzig möglichen Messungen innerhalb des Universums erfolgen. Allein, es stellt sich heraus, daß es in der Theorie und auch in der Praxis eine Möglichkeit gibt, die Messungen auf ein „Ereignis" außerhalb unseres Universums zu beziehen. Dieses Ereignis ist der Urknall. Der Urknall wird oft als eine Singularität in der Raumzeit beschrieben, die die Neigung hat, die Tatsache, nicht selbst ein Punkt der Raumzeit zu sein, zu bemänteln. Dennoch *ist* er ein Punkt, auf den sich alle Punkte der Raumzeit beziehen lassen.

Die Kosmologie des zwanzigsten Jahrhunderts hat sich in ihren Versuchen, die Gestalt des Universums zu beschreiben, allgemein auf die Konstruktion von Modellen des Universums in der Form vierdimensionaler Raumzeiten konzentriert, in denen sich der Raum, mit dem Urknall beginnend, in der Zeit entwickelt. In diesen Modellen ist die „Zeit" wohldefiniert: als Zeit seit dem Urknall, wobei der Urknall wiederum nicht ein Punkt der Raumzeit ist, sondern ein außerhalb liegender Bezugspunkt, der den Nullpunkt der Zeit darstellt – so wie der „absolute Nullpunkt" auf der Kelvin-Skala keiner in der wirklichen Welt erreichbaren Temperatur entspricht, sondern einem Punkt außerhalb der Skala, auf die alle Temperaturen bezogen werden. Wenn es auch bei der Aufstellung der ursprünglichen theoretischen Modelle des Universums nicht offensichtlich war, es gibt sogar eine direkte experimentelle Methode, die Zeit, wie sie in den Modellen verstanden wird, zu messen: über die Temperatur der kosmischen Mikrowellen-Hintergrundstrahlung. Bei der Expansion des Weltalls kühlt die Hintergrundstrahlung ab, und in allen vorliegenden Modellen kann die Temperatur dieser Strahlung mit der seit dem Urknall verstrichenen Zeit in Verbindung gebracht werden. Da wir die Temperatur der Strahlung direkt messen können, können wir eine Zeitmessung ableiten.

Ein damit zusammenhängender Vorteil der Mikrowellen-Hintergrundstrahlung, die in unserem wirklichen Universum und nicht als Gebilde der allgemeinen Relativitätstheorie existiert, besteht darin, daß sie gestattet, das „gegenwärtige Universum" zu beschreiben: die Raumkomponente der Raumzeit, die einem Augenblick der Erdzeit – dem „Jetzt" – entspricht. Die „Uhr", die wir zur Zeitmessung an einem beliebigen Punkt des Universums verwenden, ist die Temperatur der Hintergrundstrahlung, und das „gegenwärtige Universum" besteht aus allen Punkten der Raumzeit, in denen diese Temperatur mit der von uns jetzt auf der Erde gemessenen übereinstimmt.

Das Hubblesche Gesetz wird oft als eine Beziehung zwischen der Fluchtgeschwindigkeit und der Entfernung der Galaxien beschrieben – speziell eine, die ein konstantes Verhältnis von Geschwindigkeit und Entfernung beinhaltet. Aber weder die „Geschwindigkeit" noch die „Entfernung" werden durch direkte Beobachtung gewonnen. Was gemessen werden kann, ist die Rotverschiebung des Lichts einer jeden Galaxie, und mit Hilfe der Theorie wird die Rotverschiebung in eine Geschwindigkeit umgerechnet. Was die „Entfernung"

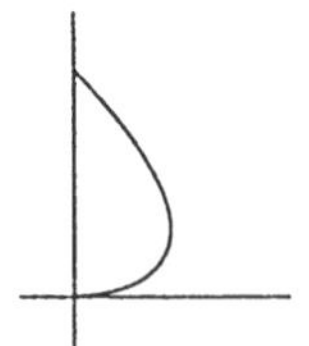

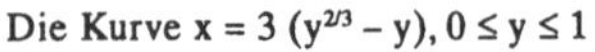

Die durch Rotation der Kurve um die y-Achse entstehende Fläche

Bild B.4 Die Gestalt des Retroversums beim Rundumblick in der Horizontebene für ein Einstein-de-Sitter-Universum

betrifft, so interpretieren die meisten heutigen Behandlungen des Hubbleschen Gesetzes die Entfernung zwischen Galaxien als „gegenwärtige Entfernungen", meinen also damit, wie weit diese im gegenwärtigen Universum auseinanderliegen. Obgleich das gegenwärtige Universum in der eben geschilderten Weise unter Verwendung der Temperatur der Mikrowellen-Hintergrundstrahlung einwandfrei definierbar ist, gibt es anscheinend keine vergleichbare Möglichkeit, die gegenwärtige Entfernung zu bestimmen. Jedes Modell des Universums als ein sich mit der Zeit entwickelnder Raum enthält einen Begriff der gegenwärtigen Entfernung im Raum, und in jedem Modell gilt das Hubblesche Gesetz mit „Entfernung" und „Geschwindigkeit" bezogen auf die gegenwärtige Distanz in diesem Modell.

Eines der Standardmodelle wird das *Einstein-de-Sitter-Modell* genannt, und in ihm ist der Raum euklidisch und expandiert mit einer wohlbestimmten Rate. In diesem Modell können wir die genaue Gestalt des Retroversums beschreiben. In unserer Karte des Retroversums zeichneten wir einen Kreis, der allen Galaxien in einer gegebenen Entfernung in der Ebene des Horizontes entspricht. Da wir diese Galaxien zu einer gewissen Zeit in der Vergangenheit sehen, liegt dieser Kreis in einem euklidischen Raum (im Einstein-de-Sitter-Modell), und seine Länge beträgt $2\pi r$, wo r die Entfernung *in diesem euklidischen Raum* ist zwischen diesen Galaxien zur Zeit, da das von uns jetzt wahrgenommene Licht ausgesendet wurde, und der Position der Erde *zu dieser Zeit.* Wenn wir die Rechnung durchführen, gelangen wir zu einer Fläche, deren Gestalt ziemlich einem umgedrehten Kreisel ähnelt. Diese Fläche entsteht bei der Rotation der Kurve $x = 3(y^{2/3} - y)$, $0 \leq y \leq 1$ um die y-Achse (Bild B.4). Ist T die Zeit vom Urknall bis zur Gegenwart, repräsentiert $t = Ty$ die Zeit vom Urknall bis zu dem Zeitpunkt, als das uns heute erreichende Licht eine bestimmte Galaxie verließ, und $r = Tx$ ist die Entfernung zwischen uns und der Galaxie zu dieser Zeit.

S. 101 „ziemlich überzeugendes physikalisches Indizienmaterial“: Siehe zum Beispiel das Kapitel 4: „Evidence for the Big Bang“ in dem Buch von Joseph Silk, *The Big Bang*, W. H. Freeman, New York, 1989. Zwei der am meisten überzeugenden physikalischen Indizien bestehen in den durch die Beobachtung bestätigten Voraussagen der kosmischen Mikrowellen-Hintergrundstrahlung und der Verteilung von Helium und Deuterium im Universum. Beide Voraussagen basieren auf der Physik des frühen Universums in einem Urknall-Szenarium, und niemand hat eine überzeugende alternative Deutung für die Beobachtungen gefunden.

S. 104 „eine für die Betrachter von Weltkarten vertraute Wahl“: Der verwendete Kartenentwurf heißt „Hammer-Projektion“ oder „Hammer-Aitoff-Projektion“. Er stellt die Welt innerhalb einer Ellipse dar. Eine Hammer-Karte der Erde findet sich in Kapitel 2.

S. 105 „Das LIGO-Projekt“: Eine faszinierende Darstellung des LIGO-Projekts und der damit verbundenen Physik gibt das Buch *Black Holes & Time Warps: Einstein's Outrageous Legacy* von Kip S. Thorne, W. W. Norton, New York, 1994.

Kapitel 8

S. 107 „Albert Einstein“: Das hier beschriebene Ereignis geht auf die persönlichen Erinnerungen des Autors zurück, der an der Konferenz in Princeton als ein Doktorand teilnahm, der an einem Thema aus der Theorie der Riemannschen Flächen arbeitete.

S. 107 „‚Riemannschen Fläche‘“: Die Riemannschen Flächen waren die ersten Beispiele „abstrakter Flächen“, die in Kapitel 9 besprochen werden. Der Begriff hat sich im Lauf der Jahre entwickelt, aber wie ursprünglich von Riemann definiert, werden sie gebildet, indem man eine Anzahl Kopien der Standardebene nimmt – sie können als ein Satz paralleler Ebenen im Raum oder, konkreter, als eine Zahl übereinandergelegter Papierblätter veranschaulicht werden – und, nachdem man sie entlang gewisser Linien aufgeschnitten hat, „erklärt“, daß sie in einer Art und Weise zusammenzufügen seien, die in der Wirklichkeit unmöglich, aber abstrakt völlig einwandfrei ist. (s. die Beispiele abstrakter Flächen in Kapitel 9.) Das einfachste Beispiel einer Riemannschen Fläche besteht aus zwei „Blättern“ – Kopien der Ebene –, die beide entlang desselben Strahls von einem Punkt bis ins Unendliche aufgeschnitten und dann „kreuzweise“ so zusammengeschweißt wurden, daß die beiden Schnittkanten des oberen Blatts mit den entgegengesetzten Kanten des unteren Blattes verbunden sind. Diese Riemannsche Fläche entpuppt sich als sehr nützlich beim Studium komplexer Zahlen – Kombinationen von reellen und imaginären Zahlen – und ihrer Quadratwurzeln.

S. 109 „Einsteins feinsinnige Bemerkungen und Aphorismen": Ronald W. Clarks *Einstein: The Life and Times*, World Publishing, New York, 1971 berichtet viele von Einsteins Sprüchen und über sein wissenschaftliches und persönliches Leben. Das oft zitierte „Ich kann nicht glauben, daß Gott mit dem Universum würfelt" scheint kein direktes Zitat zu sein (s. Clark, S. 340). "Subtle is the Lord . . . " ist ein Versuch, Einsteins eigene Worte (*„Raffiniert ist der Herrgott, aber boshaft ist er nicht"*) ins Englische zu übertragen. Wegen Ansichten zu Religion und Wissenschaft, die zu den Einsteinschen komplementär sind, siehe die Ansprache von Papst Johannes Paul II. in *Theory and Observational Limits in Cosmology*, Specola Vaticana, Vatikan-Stadt, 1987, S. 17–19.

S. 109 „Einsteins ‚spezielle Theorie der Relativität'": Eine englische Übersetzung von Einsteins ursprünglichem Artikel ist unter dem Titel „On the electrodynamics of moving bodies" in der Sammlung *The Principle of Relativity*, Dover, New York, 1952 abgedruckt. [Deutsch: „Zur Elektrodynamik bewegter Körper", Ann. d. Phys. 17 (1905), abgedruckt in Lorentz, Einstein, Minkowski, *Das Relativitätsprinzip*, Teubner, Leipzig, 1922] Sie ist ausgezeichnet lesbar und vermutlich für jeden, der in der elementaren Mathematik zu Hause ist, mindestens genauso klar wie viele „populäre" Darstellungen.

S. 110 „ist durchaus zu vertreten": Die Behauptung, daß Einstein der eigentliche Urheber der Quantendiskontinuität sei, wird von Thomas Kuhn in seinem Buch *Black-Body Theory and the Quantum Discontinuity, 1894–1912*, University of Chicago Press, 1987 sehr eindrucksvoll vorgetragen.

S. 110 „Hermann Minkowski": Minkowskis Interpretation der speziellen Relativität im Rahmen einer vierdimensionalen Raumzeit wurde im September 1908 bei einem Vortrag in Köln präsentiert. Eine englische Übersetzung unter dem Titel „Space and Time" findet sich in der Sammlung *The Principle of Relativity*, Dover, New York, 1952. [Ein Abdruck der Rede unter dem Titel „Raum und Zeit" findet sich in der Sammlung *Das Relativitätsprinzip*, Teubner, Leipzig, 1922.]

S. 113 „bequeme Abstraktion": Siehe den Artikel von Hubert Reeves, „Birth of the myth of the birth of the universe" in *New Windows on the Universe*, Band

2, Hrsg. F. Sanchez und M. Vazquez, Cambridge University Press, Cambridge, 1990, S. 141–49.

S. 116 „der Raum ... ein passiver Hintergrund“: Der Hauptvorläufer Einsteins auf diesem Gebiet war der brillante junge englische Mathematiker William Kingdon Clifford, dessen Beiträge ein frühes Ende fanden, als er am 3. März 1879, gerade elf Tage vor der Geburt Einsteins, im Alter von 33 Jahren starb. Clifford war von Riemann stark beeinflußt. Er kümmerte sich um die Herausgabe einer englischen Übersetzung von Riemanns grundlegender Arbeit über den gekrümmten Raum und verwandte Themen, und er propagierte die Riemannschen Ideen auf wissenschaftlichen Konferenzen und in öffentlichen Vorträgen. Das Kapitel 4 seines Buches *The Common Sense of the Exact Sciences* enthält einen Abschnitt „On the Bending of Space“, der eine schöne Darstellung des Begriffs vom gekrümmten Raum abgibt und mit der Aussage schließt: „Wir könnten sogar soweit gehen und dieser Variation der Raumkrümmung zuschreiben, ‚was wirklich bei der Erscheinung passiert, die wir als Bewegung von Materie bezeichnen‘.“ (Die Situation ist dadurch etwas kompliziert, daß Cliffords Buch posthum unter der Verwaltung von Karl Pearson veröffentlicht wurde, der in Wirklichkeit das ganze Kapitel 4 geschrieben hatte. Allerdings steht in einer Fußnote zu der oben zitierten Textstelle: „Diese bemerkenswerte *Möglichkeit* ist anscheinend zuerst von Professor Clifford in einem 1870 der Cambridge Philosophical Society vorgelegten Artikel (*Mathematical Papers*, S. 21) vorgeschlagen worden.“) Wenn auch Riemann und Clifford eine Ahnung einer möglichen Verbindung von Raumkrümmung und physikalischen Erscheinungen gehabt haben mögen, blieb es auf alle Fälle Einstein vorbehalten, ein präzises System mathematischer Gleichungen aufzustellen, die diese Verbindung regeln. (Wir sollten auch Karl Schwarzschild erwähnen, der im Jahr 1900 eine Arbeit veröffentlichte, in der er die Raumkrümmung ganz ernstnahm und Größen wie die Sternparallaxen im gekrümmten Raum berechnete. Später fand Schwarzschild die erste Lösung von Einsteins Gleichungen der allgemeinen Relativitätstheorie.)

Kapitel 9

S. 121 „Dieses Phänomen“: Einstein stellte in einem Vortrag am 27. Januar 1921 vor der Preußischen Akademie der Wissenschaften auch die Frage: „Hier stellt sich ein Rätsel, das zu allen Zeiten den forschenden Geist beschäftigt hat. Wie kommt es, daß die Mathematik, als reines Produkt menschlichen Denkens von der Erfahrung unabhängig, den Dingen der Realität so bewunderswürdig angepaßt ist?"[2]

S. 122 „„Buckyballs"": Ein ausgezeichneter Artikel zur Mathematik der Buckyballs ist Fan Chungs und Shlomo Sternbergs „Mathematics and the Buckyball", *American Scientist*, Band 81 (Januar–Februar 1993), S. 56–71.

S. 131 „Clifford-Torus": Die Gleichungen $x = \cos u \cos v$, $y = \cos u \sin v$, $z = \sin u \cos v$, $w = \sin u \sin v$, $0 \leq u \leq 2\pi$, $0 \leq v \leq 2\pi$ definieren eine Fläche in der Hypersphäre $x^2 + y^2 + z^2 + w^2 = 1$. Diese Fläche ist der Clifford-Torus.

S. 133 „als abstraktes Modell sinnvoller ist": Die Streitfrage: endliches oder unendliches Universum? wurde durch die Zeitalter hindurch diskutiert. Die Hauptlinien der Debatte von der Antike bis in die Zeit von Newton und Leibniz sind in dem Buch *From the Closed World to the Infinite Universe* von Alexandre Koyré, Johns Hopkins Press, Baltimore, 1957 gut dargestellt. Die Kosmologie des 20. Jahrhunderts hat den Rahmen der Debatte geändert, sie aber keinesfalls beendet. Siehe zum Beispiel J. D. North, *The Measure of the Universe*, Clarendon Press, Oxford, 1965, insbesondere Kapitel 17. Ein neuerer Versuch, die Konsequenzen eines physikalisch unendlichen Universums zu analysieren, ist „Life in the Infinite Universe" von G. F. R. Ellis und G. B. Brundrit, *Quarterly Journal of the Royal Astronomical Society*, 20 (1979), S. 37–41. Es mag so aussehen, als würden die Anfänge des Universums in einem Urknall die Vorstellung stark unterstützen, daß das, was aus dem Urknall entstehe, in Größe und Umfang endlich sei. Dennoch ergab eine Umfrage unter führenden Kosmologen, etwas überraschend, daß eine beträchtliche Majorität keine Probleme hat, ein physikalisch unendliches Universum mit unendlich vielen Sternen und Galaxien, die in einem Raum unendlicher Ausdehnung verteilt sind, zu akzeptieren. Man könnte einwenden, der Streit sei eher philosophisch oder metaphysisch als wissenschaftlich, da das *beobachtbare* Universum endlich *ist* und es nicht klar ist, daß es jemals eine experimentelle Methode gibt, zu entscheiden, ob das jenseits unserer Beobachtungsgrenzen Liegende in der Ausdehnung endlich oder unendlich ist. Einer der nachdenklichsten Kommentatoren dieser Fragen ist G. F. R. Ellis: Siehe seinen Artikel „Major Themes in the Relation between Philosophy and Cosmology" in *Memorie della Societa Astronomica Italiana* 62 (1991), S. 553–605. Eine interessante, wenn auch etwas phantasievollere Diskussion vieler dieser Dinge findet sich in dem Buch *Infinity and the Mind* von Rudy Rucker, Bantam, New York, 1983.

---

[2] Anm. d. Übers.: Rückübersetzung aus dem Englischen

S. 135 „eine andere, gleichrangige Option": Die Alternativen zu einem räumlich unendlichen Universum in Gestalt flacher oder hyperbolischer Mannigfaltigkeiten werden in der Kosmologie oft als „kleine Universen" oder „periodische Universen" bezeichnet. Einige Eigenschaften solcher Modelle und wie wir es herausbekommen könnten, falls unser Universum tatsächlich wie ein flacher Torus oder eine hyperbolische Mannigfaltigkeit geformt ist, finden sich in den Artikeln „An Introduction to Small Universe Models" von Charles C. Dyer, „Observational Properties of Small Universes" von G. F. R. Ellis und „Observational Constraints on 'Small Universes'" von R. B. Partridge. Alle sind in dem Band enthalten *Theory and Observational Limits in Cosmology*, Proceedings of the Vatican Observatory Conference, abgehalten in Castel Gandolfo, herausgegeben von W. R. Stoeger, S. J., Specola Vaticana, Vatikan-Stadt, 1987, S. 467–88.

S. 135 „eine der vielen hyperbolischen Mannigfaltigkeiten endlicher Größe": Wegen einer Diskussion hyperbolischer und anderer Mannigfaltigkeiten im Zusammenhang mit der möglichen Gestalt des Universums siehe „The Mathematics of Three-dimensional Manifolds" von William P. Thurston und Jeffrey R. Weeks, *Scientific American*, Juli 1984, S. 108–20.

S. 136 „Benoit Mandelbrot": Mandelbrots Buch ist ursprünglich in Französisch verfaßt; eine englische Übersetzung erschien 1977. Eine auf den neuesten Stand gebrachte Auflage ist *The Fractal Geometry of Nature* von Benoit B. Mandelbrot, W. H. Freeman, New York, 1983.

S. 141 „einen genauen Wert für die Dimension": Wenn eine Figur die Dimension d hat, dann wird eine Vergrößerung um den Faktor 3 den Meßwert der Figur um den Faktor 3^d erhöhen. Für eine Kurve mit $d = 1$ ist dieser Faktor 3. Für eine Fläche mit der Dimension $d = 2$ ist der Faktor $3^2 = 9$. Für ein 3-dimensionales Gebilde ist der Faktor $3^3 = 27$. Im Fall der Schneeflockenkurve wächst die „Größe" oder der Meßwert um den Faktor 4. Damit gilt $3^d = 4$, was gleichbedeutend ist mit $d \log 3 = \log 4$ oder $d = (\log 4)/(\log 3)$, und dies ist die genaue Dimension der Schneeflockenkurve.

S. 141 „Mandelbrot später so deutete": Siehe *The Fractal Geometry of Nature*, Abschnitt 9: „Fractal View of Galaxy Clusters".

S. 142 „Versuche, eine fraktale Struktur": Eine detaillierte Darstellung, die das gesamte Material der frühen 1990er in Betracht zieht, ist P. J. E. Peebles, *Principles of Physical Cosmology*, Princeton University Press, Princeton, 1993, S. 209–24: „Fractal Universe and Large-Scale Departures from Homogeneity".

Nachspiel

S. 144 „Richard Feynman“: Der Charakter von Richard Feynman wird in seinen autobiographischen Memoiren *Surely You're Joking, Mr. Feynman*, Bantam, New York, 1986 [*Sie belieben wohl zu scherzen, Mr. Feynman!: Abenteuer eines neugierigen Physikers*, Piper, München, 1987] und in der kürzlich erschienenen Biographie *Genius* von James Gleick, Vintage, New York, 1993 enthüllt.

S. 144 „*The Character of Physical Law*“: M.I.T. Press, Cambridge, Massachusetts, 1967, S. 39 und 58. [Vom Wesen physikalischer Gesetze] Ähnliche Ansichten wurden von Paul Dirac, einem anderen führenden Physiker des 20. Jahrhunderts, geäußert, der hinzufügte: „Ein physikalisches Gesetz muß mathematische Schönheit besitzen.“ Siehe den Artikel „P. A. M. Dirac and the Beauty of Physics“ im *Scientific American*, Mai 1993, S. 104–9.

Namens- und Sachwortverzeichnis

C

D

E

F

G

H

I

J

K

L

M

N

O

P

Q

R

S

T

U

V

W

Z